小林照幸

Kobayashi Teruyuki

犬と猫

ペットたちの昭和・平成・令和

毎日新聞出版

犬と猫

ペットたちの昭和・平成・令和

1

（大切な家族の一員として、癒しの存在としての犬と猫の立場は、大きく崩れてゆくのではないか。楽しく共に過ごす日々は、これから難しくなっていくのではないか）

県動物愛護管理センターで所長を務める公衆衛生獣医師の田辺孝《たかし》は、今朝も所長室で自問した。

２０２０（令和２）年4月30日木曜日。

所長就任から2年目に入り、５週間にわたる新年度の最初の月も終わる。

先週、孝は53歳の誕生日を迎えた。桜の花は散って新緑が青々と萌え、爽やかな風も薫っているが、マスク着用のせいか、気持ちは落ち着かず、季節感を味わうゆとりがない。

動物愛護管理センターは本庁こと県庁の環境保健福祉部の出先機関で、ホームページには「人と動物が共に安心して暮らせる社会環境づくりを推進、啓発する拠点」と紹介されているが、今朝の孝には、それが少し重く感じられるのだった。

本県中部の県都に所在し、中心部から離れた山沿いの一地区に建つ、地上2階、地下1

階の施設である。地下といっても傾斜を利用しているから、陽射《ひざ》しも風通しもよい。

所長室は地上1階にある。2階の動物管理棟に収容されている犬の鳴き声が反響して、開け放った窓から孝の耳に入ってくる。

始業時刻は午前8時半。常勤15人体制の職場で、孝は1時間前には出勤するよう心掛けていた。毎朝、駐車場に車を停《と》めると、敷地内の一角に建立されている動物供養塔に必ず手を合わせる。軽く見上げる大きさだ。人間の都合で天寿をまっとうできず、この動物愛護管理センターで殺処分された犬猫たちの遺骨が納められている。

施設の庇《ひさし》の下には、持ち運び可能な大小さまざまな動物捕獲器が並んでいた。灰色で、メッキ仕上げされた鉄製の檻《おり》状の箱罠《わな》が、朝陽を浴びて鈍く光っている。

今朝もまた、マスクをしながらため息が出た。

（毎週土曜日の犬の譲渡会、日曜日の猫の譲渡会も開催できない）

先月のはじめから丸2カ月、不妊去勢済みで各種のワクチンを施した犬猫を県民に譲渡する会に伴う受付、見学、講習会などすべての手続きが中断となっている。県民の費用負担はないが、看取《みと》る最後まで責任を持って終生飼養できるか、条件を満たす必要がある。

（新しい飼い主さんを待っている犬猫たちの行き先も決まらない）

不要不急の外出の自粛が国民に求められていた。

新型コロナウイルスは、地球規模で猛威を振るい、収束の見通しが立っていない。

2019（令和元）年12月、中国は湖北省の武漢市で「これまでに見られない新型の肺炎」が報告された。いち早く警告した現地の33歳の眼科医は、地元当局に摘発されたばかりか、その後、みずからも感染して死亡した。WHO（世界保健機関）は年明け、「人から人への感染はない」「渡航を制限するものではない」と声明を出すが、中国全土に感染が拡大、武漢市は封鎖され、人から人への感染が明らかになる。

1月中旬、厚生労働省は日本人初の感染者が確認されたと発表。武漢市から帰国した神奈川県在住の30代の男性だった。この時はまだ、感染症の専門家の多くは、「インフルエンザの方が怖い」「中国のような感染拡大は考えられない」「うがい手洗いを第一に予防を」と語っていた。

日本における感染拡大は2月初旬、横浜港に寄港した大型クルーズ船の集団感染に始まる。都市部を中心に日本各地で感染者が増加し、接触感染のリスク、くしゃみや咳《せき》の飛沫《ひまつ》などが口や鼻から喉に入り込む飛沫感染のリスクが報じられると、たちまちアルコール消毒液やマスクが入手困難になった。

動物愛護管理センターの職員も、各自がマスクを調達して着用するようになる。ホームページ上の譲渡会の告知でも、参加者にマスク着用を促した。

空路、海路、陸路など、人の移動による感染拡大が明らかになり、中国政府やWHOの初動の遅れに各国から非難の声が上がった。

新型コロナウイルスは既知の感染症と異なり、感染経路のわからない例が多い。感染しても無症状なばかりか、知らないうちに感染して、他人に感染させているかもしれないという厄介さが周知されつつあった。

2月末、首相は全国の小中高校に春休みまでを含む一斉休校を要請した。法的根拠はなくとも、ほとんどの自治体が従った。

譲渡会は家族での参加も多いため、孝は当面の間、自粛を決断した。譲渡会を感染拡大の機会にしてはならない、一斉休校が要請される中で、児童や学生も参加する譲渡会を行うのは不適当である――そう判断したからだった。職員からも異議は出なかった。

欧米では重症患者が急増して医療崩壊が始まっていた。WHOは3月11日、パンデミック（世界的大流行）を宣言、日本発着の国際線、国内線の空路、海路は大幅に縮小されて、人やモノの動きが制限された。甲子園での春の選抜高校野球大会は史上初の中止、3月下旬には、東京五輪・パラリンピックの来夏への延期が決まった。

4月7日、政府は東京を含む首都圏、大阪、福岡など7都府県を対象に、大型連休が終わる5月6日までの1カ月にわたる緊急事態宣言を発出する。

4月16日、緊急事態宣言は全国に拡大され、国民生活は一変した。通勤、通院、食料の買い出しなど生活維持に必要な場合を除き、不要不急の外出の自粛が要請されたのである。密閉した空間、密集した場所、密接した場面の「3密」を避け、人との距離は社会的距離《ソーシャル・ディスタンス》（2メートル）を保つこと。室内では換気を心がけること。学校も含めて人が集まる施設は閉鎖、閉館となり、各種イベントも軒並み中止、延期となった。プロ野球の開幕も、Jリーグの再開時期も見通せない。

本県でも感染者が増加し、重症患者が出ている。高まる緊張の中、民間企業や県庁はじめ一般行政職の公務員にも在宅勤務が広がった。

県立高校の同窓生でもある孝の妻は、市役所の住民福祉部で生活保護受給関係の仕事をしている。緊急事態宣言が全国に拡大された週から1日おきの出勤になった。

高校2年生の長男は休校中のため在宅である。所属するサッカー部の活動もなく、5月下旬に開催予定の県の高校総合体育大会が昨日、初の中止になった。落胆しながらも、「先輩たちはこれで引退なんて」と慮《おもんぱか》っている。

都道府県別の感染者数が最も多い東京には、大学2年生の長女がいる。大学は休校となり、オンラインで家庭教師のアルバイトをしながら、興味のある企業の新型コロナウイルスへの対応をネットで調べているという。

「ちゃんと在宅勤務の判断ができる会社なのかって、就活の参考になるでしょ」

逞《たくま》しいことを言っているのは嬉《うれ》しいが、父親としては長女の感染が心配である。

むろん、「明日は我が身か」とも思う。高齢者、糖尿病や高血圧の基礎疾患の保持者は症状が重くなる傾向が確認されているが、健康な50代でも、一気に重症化して死亡した例も報告されている。178センチ、70キロの体型維持のために孝が通う24時間営業の全国チェーンのスポーツクラブも当面は休業だ。

2

生きている犬猫を扱い、公衆衛生を維持する施設の責任者である孝は、在宅というわけにはいかない。今朝も孝は出勤するや、1階の窓を開けて回り、職員用と来訪者用のアルコール消毒液の備蓄を確認した。

職員は常時マスクを着用、朝礼前には孝が立ち合い、非接触体温計を額にかざして体温を測り、本庁に報告する。事務所の受付カウンターはガラスの引き戸なので、他の施設のようにビニールシートで仕切る必要はなかった。

(3密回避と言われても、医療関係者は感染者と接触せざるを得ない。難しいものだ)

保育園に通う看護師の子どもが登園拒否をされるなど、医療従事者を含む感染者周辺が、差別的な扱いを受ける事態が生じていた。ネット上に患者の住所や氏名が公表されて、誹《ひ》謗《ぼう》中傷の書き込みが相次ぎ、デマが瞬時に拡散されて、当事者たちを苦しめている。

犬の譲渡会、猫の譲渡会、どちらも毎回25人前後の参加者で行っていた。その多くがホームページの告知を見て申し込んでいる。

（インターネットのおかげで、動物愛護管理センターはこの20年、おおいに助けられ、多くの犬猫の命を救ってもらえた）

同じインターネットが人を傷つけるものとして牙をむく現実に、複雑な思いが湧く。

（怖れや不安からそんな行動をするのだろう。ウイルスも厄介だが、人がみずから医療を、社会を崩壊させることにつながりかねない。ハンセン病の歴史を見ても、偏見と差別との戦いだったが、現代も変わっていないとは）

ホームページに載せている犬猫を見た参加者の希望は受け付けるが、譲渡会当日、すぐに希望する犬猫と対面して、連れて帰れるわけではない。

まず初めに地下1階の多目的会議室で行われる2時間ほどの譲渡講習会に、参加するからだ。センター職員による映像や写真を使った飼養や性質、飼養に伴う法律や条例の基本ガイダンスの後、地元の動物愛護団体のスタッフがキャリーハウスに入れた犬猫を運び込んで、なで方、抱き方、褒め方、叱り方、餌のやり方、トイレの仕方などの基本を伝える。譲渡講習会の総括として、センター職員による、ワクチン接種など、各種の病気と予防法のレクチャーがあり、飼い主には終生飼養の責任があることを強調する。

初心者はもちろん、どれだけ飼育歴があっても参加する。「新しい家族を迎えてもらうために」という主旨から、世帯主だけでなく、可能な限り家族単位での参加を呼び掛けてきた。

譲渡講習会を受けて断念する家族もある。老犬、老猫になってからの介護だけでなく、事故や怪我《けが》によって車いす生活になるケースもある。飼い主としての責任を最後まで果たせるか、看取る覚悟はあるか、講習会で考えさせるからである。

参加者の意志が再確認されれば、希望する犬猫とのマッチング（対面）を行う。犬猫にも個性があり、希望者との相性をまず確かめ、後日、動物愛護管理センターの委託を受けた動物愛護団体のスタッフが家庭訪問をする。飼育できる環境かどうかを家族構成やライフスタイルも含めて調べた後、センターが譲渡の可否を決定する。1匹の犬猫に複数の希望者がいれば、全員の家庭訪問後、最適と考えられる家庭が選ばれる。

譲渡可能となれば、譲渡日を決め、キャリーケース、フードなどを持参の上で来所してもらう。犬の場合にはリード、首輪の購入は必須だ。

譲渡希望の世帯主は、2回の来所が必要となるが、ことに犬の場合、希望する犬種について相談を重ねることもある。譲渡される子犬が成犬となったときのことや、既に成犬である譲渡犬が十分に飼養できるかを見極める必要があるからだ。

（譲渡会自体が、3密というだけではなく、不要不急の外出になってしまった）

孝はそう思うしかない。

今朝の県紙朝刊1面には、「緊急事態宣言　延長へ調整」とある。5月6日に期限を迎える緊急事態宣言が延長となれば、あらゆる業種が壊滅的打撃を受けるはずという内容だ。

（新聞も日に日に薄くなる。40ページ近くあったのが今朝は24ページだ。広告が減り、6、7面あったスポーツ面もプロ、アマ問わず試合が延期、中止となっているから当然だが、今日のスポーツ面はわずか1ページか）

広告を眺めると商店の営業時間の短縮や、一時休業の告知ばかりが目についた。

当県に展開する全国チェーンのペットショップは、マスク着用、手指消毒をしたうえで入場制限を行っているという。

「感染拡大防止のため、各店舗でワンちゃん、ニャンちゃんのご観覧の制限を敷かせて頂いておりますこと、ご了解下さい。各店舗のワンちゃん、ニャンちゃんコーナーへのご入場につきましては、お迎えをご検討の方に限定させて頂いております。ご契約時には最少人数でのお手続きをお願いしております。以上、何卒、ご協力のほどお願い申し上げます」

「冷やかし」は勘弁してくれということらしい。

県内のペットショップはフードや日用品も扱っていることから営業時間を短縮し、ペット美容室、猫カフェなどは休業に入った。そういう情報は、孝自身で集めていた。

（うちも参考にするべきだろうな。譲渡会を再開するときは、世帯主本人の参加だけにして、家族の参加は不要にするのはどうか。マスク着用は当然として、人数を限定して3密を防ぐのがいいだろうか）

緊急事態宣言から2週間、感染者の増加ペースは鈍化している。自粛効果が表れているという楽観的な見方もあるが、孝には数字上の話としか思えない。無症状の患者は市中に存在していて、身近に感染が忍び寄っている恐れは否定できないからだ。これから本格的な流行期に入るのではないか。

例年なら「連休はどう過ごすか」という会話を交わす時期である。今年の大型連休は「ステイホーム週間」と名づけられ、移動の自粛が要請されている。各自治体は行楽地に通じる道路の規制、公営駐車場などの閉鎖に着手していた。

「家にいましょうって言われても、農家の皆さんは田植えも控えて、忙しいんだぜ」

県農業試験場に勤務する3歳年上の兄は苦笑いしていた。

（長引けば家計や企業経営が厳しさを増す。動物愛護管理センターもどうなるのか。昨年とはなんという違いだろうか）

２０１９年４月１日の月曜日、政府は新元号「令和」を発表した。改元に伴う10連休は世の中に祝祭感が溢《あふ》れていた。秋には日本で初開催となるラグビーワールドカップが、翌２０２０（令和２）年夏には１９６４（昭和39）年以来、２回目となる東京五輪・パラリンピックを控えていた。当地でもワールドカップ、東京五輪・パラリンピック関連のポスターを公共施設はじめ、あちこちで見かけるようになった。

新元号発表の日、孝は県動物愛護管理センターの所長に就任した。副所長を８年務めた後の辞令である。１９６７（昭和42）年生まれの孝が地元国立大学の獣医学部で６年間学んだ後に県庁入りし、公衆衛生獣医師として歩み始めたのは１９９２（平成４）年４月、みずから希望を出していた動物愛護管理センターが振り出しとなった。県食肉衛生検査場の支所で3年間過ごした経験もあるが、動物愛護管理センター勤務はのべ四半世紀余だ。

（希望して公衆衛生獣医師になったものの、初めは無力さを覚える日々も積み重ねてきた。日本は動物愛護に溢れた国と言えるのか。動物愛「誤」の国と指摘されても仕方がない。そう考えてきたけれど、確実に良い方向に向かっている。愛護管理センターの名称も恥ずかしくないものになったと思う。令和の時代は平成よりもさらに良い方向にゆくはず。責任は大きいし、人材育成にも力を入れたい)

昨年のこの思いが、今は心もとない。

新型コロナウイルスが譲渡会を当面、自粛に追い込んだことひとつとっても、孝には今後、予想される事態がいくつか思い浮かぶのだ。

(譲渡会の再開が数カ月も先になれば、今、ここで新たな飼い主さんを待つ犬猫たちを、1匹の漏れもなく飼い続けることは難しい)

譲渡会の自粛はホームページで大きく告知している。緊急対応として、個別譲渡を行っていることも記した。電話予約のうえ世帯主が来所すれば、譲渡会と同様の手続きをするつもりだが、積極的に募ることは外出を煽《あお》ることにもなる。数件の問い合わせはあるものの、来所する人は現れない。

(不要不急の外出と受け止められているのだろう。今後の暮らしを思えば、ペットを飼うどころではないということか。譲渡会再開の見通しが立たなければ、オンラインを駆使して個別譲渡を本格化しなければならないだろうか)

新たな飼い主にめぐり合えず、飼い続けることが難しければどうするのか。

殺処分という選択が浮かび上がる。

3

新しい飼い主との出会いを待つ犬猫たちは、一度は飼い主に見捨てられた命、という点が共通している。

見捨てられた犬猫の収容が、動物愛護管理センターの第一の仕事になる。

職員たちは治る見込みのない病気を抱えたものや、介護の必要な老いたものを選《え》り分け、殺処分を検討する。愛護の言葉は掲げているが、こうした犬猫の面倒を最後まで見る施設ではない。

健康な子犬や子猫、成犬、成猫には、新しい飼い主を探す譲渡会に出す選択をはかる。吠《ほ》え癖、鳴き癖、咬《か》み癖などが強いものは、一般家庭で飼育できるよう、職員が懸命にしつけを試みた上で譲渡会に出す。

（このまま自粛が続けば、譲渡会に向けた職員の努力もむなしく、センターの大きな柱を失うことになるのか）

とすら孝は感じていた。

観光、飲食業、サービス業をはじめ幅広い業種に雇用不安が広がっている。派遣社員、契約社員ら非正規雇用の働き手はとりわけ厳しい。休職、失職、内定取り消しが相次いでいるという。コロナ不況の到来を予感した。

マスクの必要がない、人との距離も気にしない日常生活に戻れるのか。戻れるとすれば、どれだけの時間を要するのだろう。それには治療薬、ワクチンの完成と普及が必須であり、ワクチンがないまま、いったん収束しても、第二波、第三波のパンデミックもあると感染症の専門家は警戒している。収束して譲渡会が再開しても、第二波が到来すれば、譲渡会は再度中断することになるのか。

(経済的に余裕がなくなれば、いずれペットどころではなくなるだろう。次々と犬猫が持ち込まれたら、施設の収容限度も超えてしまう。駆け出しの頃の、毎日約80匹の犬猫を殺処分した時代に戻ってしまうのか)

緊急事態宣言の延長が濃厚となった中、その覚悟を、職員全員で共有しなければと孝は思った。

現時点で譲渡用の犬は22匹、猫は27匹収容している。収容限度は犬猫の大きさもあるが、地下1階の犬の飼育室は40匹、猫は50匹が目安だ。自粛直前の2カ月前は、犬が5匹、猫は6匹だった。

田辺家の愛犬である推定年齢16歳のペロは、12年前の2008(平成20)年12月、譲渡会で譲り受けた。中型の薄茶の柴犬で、去勢手術が施されていた元オスである。

ペロの飼い主は大きな借金を背負い、夜逃げしたという。激しい衰弱状態で家の中に残されていたところを警官が見つけた。県警から動物愛護管理センターに連絡があり、孝が保護に出向いたのである。

この年の9月、アメリカの投資銀行リーマン・ブラザーズ・ホールディングスが経営破綻し、世界的な金融危機を引き起こしていた。

(借金のために夜逃げって、リーマンショックの影響なのか)

孝は考えてしまった。しつけもしっかりされていて、飼い主の愛情はうかがえたが、経済状況の苦しさから愛犬への気持ちを失ってしまったらしい。

(ペットの生命は収入、支出という家庭の経済に影響されている――)

そう実感した。

収容後、健康を回復させて譲渡会に出した。譲渡会では子犬や子猫の人気が高く、成犬、成猫は他人が長く飼育していたお古と意識され、敬遠されることもある。

ケージ越しに前かがみになると、つかまり立ちをする、指を入れるとなめるなど、子犬の多くが好奇心旺盛で、愛嬌いっぱいの仕草をする。こちらは成犬のため、リードを柱につなげて参加者とお見合いをさせるが、人が近づくと後ずさりを繰り返した。

「人間への不信感だな」

心配そうに見守る同僚に孝は言った。

「自分は捨てられた、というトラウマがあるのだろう。喜びを表現できないのは、そのためだよ」

この4歳ほどの柴犬は、4週連続で譲渡希望者の選択から漏れてしまい、不憫《ふびん》に感じた孝が譲り受けたのである。結婚後、マイホームを構えたが、共働きのため犬も猫も飼っていなかった。8歳の長女、5歳の長男の情操教育のためにも、タイミングがいいと妻も了解してくれた。

もちろん、譲渡講習会には妻だけでなく長女、長男にも参加してもらった。参加前、妻は子どもたちに「パパのお仕事は……」「わが家に来るワンちゃんは……」と、わかりやすく説明していた。

田辺家に連れて帰ると、犬の情緒は落ち着いて、喜びの表現も見せるようになった。

(そうか……施設では殺処分が行われている。仲間の叫び声や死を嗅覚で察知したのだろう。自分も殺されると混乱していたのか)

孝は気づき、そして、長女の言葉に驚いた。

「ペロペロなめるね、パパ、名前はペロにしよう」

孝が小学3年生から高校2年生までの約8年間、飼っていた犬の名前もペロだったからだ。長女と同様、ペロペロなめるからペロにしたい、と父や祖父に言うと、父が笑っていたのを覚えている。

「犬はスペイン語でペロっていうんだ。それが語源なのかもなあ」

2代目となるペロは、すぐに我が家に溶け込んだ。むじゃきな子どもたちに可愛がられたことが大きかったようだ。ジョギングをかねた孝の朝の散歩にも、30分も40分もリードをつけたまま、ペースに合わせて走ってくれた。

わが家に来て幸せだったのか。最初の飼い主に最後まで面倒を見てもらうのが、本来の幸せであったのか。今年に入ってから、ペロが田辺家の一員でなくなる日が遠くはないと感じるようになった。中型犬の16歳は人間に換算すれば約80歳である。

今、朝の散歩は、休校中の長男の日課だ。雨が降っていたら、晴れ間に行うようにしている。ペロはゆっくりとした足取りで30分ほどの散歩を終えると、一日中、エアコンの効いた室内で横になっている。おむつも当てるようになり、もの悲しげに鳴くこともある。軽度の認知症も疑われて、散歩以外は庭にも出さないよう、長男に伝えておいた。

老いたとはいえ、田辺家の大切な家族であることに変わりはない。共に生活する愛すべき存在、癒しの存在である。一緒にいる時間が増えるほど、絆が深まっている気がした。

長男は毎朝、ペロの動画をＬＩＮＥで長女に送っている。

テレビを観ているると、犬や猫が登場するコマーシャルが目につく。日本の社会と分かちがたい存在になっていると感じる。

（みんな自宅で過ごす時間が長くなった。巣ごもり生活の中で、犬や猫を飼う意義がさらに大きくなっているのでは。人に会うことを控えなければいけない中、ペットを飼いたい、と思っている人は増えているのかもしれないな）

ペットショップの新聞広告は、外出自粛が求められている中でも、犬や猫を家族の一員に迎えようと、予約までして来店する人がいることを伝えている。犬猫だけではなく、鳴いたり吠えたりしない、価格や餌代も手ごろなハムスターなどを飼い始めて、癒されようとする人もいるだろう。

（ペットショップのスタッフや来店する人々は、新たな家族を迎えようとする出会いは不要不急の要件ではない、と答えてくれるかもしれない。コロナが収束したら新たな家族に迎えたい、と譲渡会の再開を待っている人もいるだろう。再開の見通しが立たないからペットショップに、という家族もいるかもしれない）

むろん、これが都合のよい見方ということにも気づく。

（犬や猫を飼うにはお金がかかる。病気になれば10万円以上の出費も珍しくない。衣食住の充実で15年以上、犬猫も生きられる時代になったけれども、飼い主さんが経済的に追い詰められてしまえば——)

飼えなくなった犬猫はどうなるのか。

ペロは家に置き去りにされたわけだが、真っ先に考えられるのは、山野に捨てられることだ。捨てられた彼らは、生き延びるために、鳥や小型哺乳類を捕食する。ペットフードで生きてきた犬や猫たちが、生態系を破壊する「外来種」になるのだ。

人から施しを受ける犬猫は野良犬、野良猫と呼ばれるが、人の施しを受けず、自力で生きる犬猫は野犬、野猫と区別され、ノイヌ、ノネコとカタカナで表記されもする。地域によっては、希少種生物が捕食される深刻なケースも報告されていた。捨てられたペットによる環境破壊が加速する恐れもある。

「解雇や雇い止めが増えている。生活保護受給者が急増するわよ。資格審査を一時的にも簡略化しないと、自殺者が増えることにもなりかねない。忙しくなるわ」

市役所で働く妻の言葉に、孝は強く危惧する。

政府は緊急経済対策として、国民1人当たり10万円の給付を決定した。早ければ大型連休明けから手続きが始まる見通しだが、仕事のなくなった分が補填《ほてん》されるわけではない。

家賃やマイホームなど各種のローンの支払いが負担になって、引っ越しを迫られたら、引っ越し先でも、そのままペットを飼い続けられるものだろうか。

一般社団法人「ペットフード協会」（東京）は、2019（令和元）年12月末、同年の全国犬猫飼育実態調査の結果を発表した。国内で飼われている猫は約977万8千匹、犬は879万7千匹と3年連続で猫が犬を上回ったという。1994（平成6）年の調査開始以来、2017（平成29）年に猫が犬を初めて上回っていた。猫は室内飼育が基本、が浸透し、犬に比べて散歩の手間と餌代が掛からないのが猫人気の要因、と分析された。

あわせて発表された2019年の犬の平均寿命は14・44歳、猫の平均寿命は15・03歳であった。ペットは人間と共に生きることが前提ということを、教えてくれる貴重なデータと思うと同時に、

（飼育数は今後、どう推移していくのだろうか）

同じデータを見ながら孝は考えてしまう。

（今のところ、センターの犬猫の収容には余裕があるが、これからどうなるか。収容にも制限がある。先に収容していた犬猫から殺処分せざるを得なくなるか）

1日も早く譲渡会を再開したいが、現実は生易しいものではない気がするのだ。

4

今日は朝礼の後、1匹、犬の殺処分が予定されている。

20代、30代の職員たちには、毎日大量の犬猫の殺処分をしていたみずからの経験や、先輩職員から学んだことを孝は語ってきた。この数年は譲渡数も増えて、殺処分は週に何日という頻度に収まっている。若い彼らは「そんな時代があったとは」と驚いているが、数の問題ではないというのが、孝の実感である。

「かつての譲渡会では、譲渡講習会が終わったらすぐ犬猫を渡していたよ。今からすれば、手続きも簡単なものだった。いろいろと問題も現れて今のようになった」

「当日渡しですか」

彼らは目を丸くするのだった。

玄関近くに、厚生労働省から配布された狂犬病の予防啓発ポスターが来所者の目にも触れるように貼ってある。

孝が駆け出しの頃、狂犬病の対策に関して、先輩たちからは壮絶な体験をさんざん聞かされたものだ。

（新型コロナウイルスも怖いが、狂犬病ウイルスも怖い。動物愛護管理センターは、常に感染症対策の最前線なのだ）

ポスターには「4・5・6月は狂犬病予防注射月間」のコピーが大きく入っている。それよりも一回り小さな文字で、こうある。

狂犬病は犬だけでなく、人にもうつる病気です。発症した場合、ほぼ100パーセント死に至ります。犬の飼い主は、狂犬病予防法に定められた以下の義務を守りましょう。

① 自治体への飼い犬の登録
② 狂犬病予防注射の接種
③ 鑑札・注射済票の装着

生後91日以上の犬を飼育する世帯主は、居住地域の役場に出向いて、犬の生涯に1度の登録を行う。91日というのは、乳歯が永久歯に生え替わる時期に基づくものだ。犬の名前、飼い主の氏名、住所、電話番号などを記入して、3千円前後の手数料を支払い、鑑札票を受け取る。鑑札票は首輪に常につけておく。他人から譲り受けた登録済みの犬でも、飼い主の変更を届け出る必要がある。犬が死んだら、登録を解除する手続きに出向く。

さらに年に1度の、狂犬病予防注射であるワクチン接種が義務付けられる。飼い主は最新の注射済票を、鑑札票と共に首輪につけなければならない。

新年度の4月から6月にかけて、全国の市町村で狂犬病予防注射の集団接種が行われている。飼い主は登録先の自治体から案内を受け、指定された施設に愛犬を連れて行き、自治体の定めた手数料を払って接種する。しかしながら、今年はこの風物詩も、新型コロナウイルスによって全国で中止に追い込まれていた。

「動物病院でも接種が可能です。事前に電話やメールで連絡をして、健康状態の良い方が連れて行くようにして下さい」

各自治体が呼びかけている。

毎年度、厚生労働省は都道府県別のデータを集計して、登録数と予防接種数の割合を算出し、全国平均、および47都道府県別の接種率を公表する。全国平均は毎年度約70パーセント、本県は75パーセント前後だ。

未接種の飼い主が3割程度いるのは、狂犬病への警戒心が、社会の中で希薄になっているからだろう。「日本国内で狂犬病は人、犬とも60年以上発生しておりません」という厚生労働省の広報が、「毎年の接種は不要」という印象を与えているのではないか。孝はそう考えもする。ただ、捨て犬が家に寄りついた、捨て犬を拾ってきた、という流れでやむなく飼養を始めたものの、登録せずに飼う家庭も相当数あるのでは、と想像もつく。そうした家庭に、狂犬病予防の広報がどれだけ届いているのか、と不安になる。

日本において狂犬病は、第一次世界大戦、関東大震災、太平洋戦争に伴う混乱期に猛威をふるった、と喧伝《けんでん》されてきた。

朝鮮戦争が勃発した1950（昭和25）年に狂犬病予防法が施行され、犬への予防接種を義務付ける一方、行政は保健所の職員を動員して、「野犬狩り」と呼ばれる山野や街中における徘徊犬《はいかいけん》の掃討作戦を開始した。日本は人も犬も1956（昭和31）年の感染例が最後で、実質7年間で狂犬病を封じ込め、以来、国内での再発生がない清浄国になった。

海外において狂犬病は、現在も依然として深刻な感染症である。WHOは世界150カ国で感染リスクは約30億人、年間約6万人死亡と推計、アジア、アフリカで死亡者の95パーセント余を占める。

動物検疫所を主管する農林水産省が指定している清浄国及び地域は現在、日本、オーストラリア、ニュージーランド、ハワイ、グアム、フィジー諸島など6地域で、日本周辺の中国、韓国、フィリピン、ロシアでは依然として発生が続いている。WHOによると、狂犬病ウイルスが清浄国に侵入した場合、犬の予防接種率平均70パーセントが蔓延《まんえん》を防ぐ目安だという。

人間への感染の99パーセントが犬によるもの、と疫学的には分析されているが、ウイルスを保有する動物は猫、コウモリ、キツネをはじめ哺乳類全般に及んでいる。

狂犬病ウイルスは動物の唾液や分泌液に含まれている。咬まれるばかりでなく、傷口をなめられたり、目や口、鼻など粘膜に触れることでも感染する。潜伏期は1カ月から3カ月、まれに半年、1年という例もある。ウイルスが中枢神経を侵し、発熱、頭痛などが発症すれば、有効な治療法はなく、ほぼ100パーセント死に至る。

ウイルス保有の可能性がある哺乳類の輸入、ペットの入国に際しては、動物検疫所の厳格な検査の対象になる。予防接種済みの証明書が提示できなければ、動物検疫所で最長180日間の係留検査が命じられる。

人間の場合、ヒト用のワクチンで予防は可能である。国内でも渡航者向けに接種する医療機関があるが、免疫獲得には1カ月内に3回の接種が必要で、自費診療のため、各回税込み1万5千円前後の出費になる。

孝はワクチンを接種済みだ。動物愛護管理センターに着任する前に接種した。むろん自費で行うもので、今は3年に1回、追加投与して免疫を維持させている。約30年にわたる健康管理だ。

ウイルス感染動物が国内に侵入する可能性はいくつか考えられる。動物の密輸はもちろん、日本に寄港した外国船による不法上陸犬は、無視できない脅威だろう。未検疫の犬をリードなしで上陸させ、港内で遊ばせているうちに、逃がしてしまうケースだ。

ロシア船が寄港する港町の多い北海道では大きな問題になった。平成半ばの２００２（平成14）年から、厚生労働省、農林水産省はじめ、地元自治体、警察、船舶・港湾関係者、獣医師会、官民が総力をあげて、巡回監視の強化、多国語の看板の設置、リードの提供など、不法上陸犬防止対策に取り組んでいる。

とはいえ、日本の山野にもコウモリをはじめ、ウイルスを保有する野生動物が全くいないとは言い切れず、免疫のない飼い犬と偶発的に接触したら、飼い主が感染する危険性も考えられる。感染した犬が捕獲されて、この動物愛護管理センターに収容されることも考えられ得るため、孝はワクチン接種を行い、みずからに危機管理を課しているのだ。

２０１３（平成25）年、狂犬病の発生が50年以上なかった台湾で、飼い犬が野生のイタチアナグマに咬まれて狂犬病に感染、発症した。

「同じ島国だけに対岸の火事ではないぞ」

自分だけではなく、多くの獣医師がそう危機感を抱いたのではないか、と孝は思った。

地域の飼い犬が免疫を獲得していれば、地域の安全にもつながると、動物愛護管理センターも広報には積極的に取り組んでいるが、このコロナ禍で愛犬への予防接種の接種率はどうなるか、と気が重い。

（毎年、欠かさずに接種してきた飼い主さんも、見合わせざるを得ない。緊急事態宣言が解除されても、みんなが接種に行くとは限らない。今年度の接種率は大幅な低下を招きそうだ。予防接種の費用を切り詰める飼い主や家庭も出てくるか。平均70パーセントを維持できなければ、狂犬病の侵入リスクも高まる。それにしても、コウモリは手ごわい）

多くのメディアが新型コロナウイルスの起源について報じていた。

中国の市場で食用のため生きたまま売られていたタケネズミやアナグマ、センザンコウ、ヘビなどの野生動物の名が挙がっているが、コウモリの持つウイルスに由来するという遺伝子分析が注目されていた。

２００２（平成14）年11月に中国の広東省で初めての患者が報告され、２００３年の春節（旧正月）後の2月から7月にかけて流行したＳＡＲＳ（重症急性呼吸器症候群）では、ハクビシンが感染源と特定されたが、遺伝子分析から、ハクビシンをコウモリが吸血したか、あるいはハクビシンがコウモリを捕食し、そのハクビシンを食用のためにさばくとき、人がウイルスに感染したのでは、とコウモリ由来のウイルスと判明した。

（アフリカのエボラ出血熱もコウモリ媒介説がある。アウトドア活動中のコウモリとの安易な接触は、命取りになりかねない。今回の新型コロナも、森林の中で動物たちの間に収

まっていたウイルスを人間が引っ張り出したかたちになるのだろう。狂犬病と同様に人獣共通感染症と言えるのではないか）

ヒトとヒト以外の脊椎動物の双方に感染する病気を人獣共通感染症と呼ぶ。

人間からペットへの感染は考えられるだろうか。感染した犬や猫を生活苦となった飼い主が山野に捨てれば、他の野良犬、野良猫、野犬、野猫、多くの在来の野生動物に感染が広がってゆく可能性もある。

（国内外で犬猫の感染例が報告されれば、ペットのコロナ対策にも対応しなければならなくなるだろう。本県で初めて感染例が報告されてもけしておかしくはない）

緊張も覚える中、孝は背広姿から薄緑色の上下揃《そろ》いの作業着に着替えた。左の胸ポケットには、県章と動物愛護管理センターのネームが青色で刺繍《ししゅう》されている。首から下げた名札には、こう銘記されている。

「〇×県　環境保健福祉部
動物愛護管理センター　所長
獣医師　狂犬病予防員　動物愛護管理担当職員
田辺孝」

背広姿で過ごす日は殺処分のない日だ。作業着で施設内を歩くときは運動靴、殺処分に臨む際は長靴に履き替えて、作業着と同系色の県章の入った帽子を被《かぶ》る。その日の業務によって服装も少しずつ変わる。

「おはようございます」

出勤してきた職員が、網戸越しに孝に続々と声を掛けていく。

事務所の受付カウンター、ガラス引き戸の真横の壁に、「禁止行為」と書いた告知を掲示している。来訪者に向けた注意書きであり、職員の身を守るためのものだ。

「当施設にて、大声を上げる、施設職員に対する挑発的かつ侮蔑的な言動、暴力行為、迷惑行為を禁止します。施設内の秩序を乱し、安全を脅かす行為が見られた場合、県行政対象暴力対策要綱に基づいて、即刻、退去して頂きます。従わない場合は警察に通報します。以上、ご了解下さい。　動物愛護管理センター所長　田辺孝」

この告知文は30年余、所長名だけを変えながら掲げられている。

今はもうなくなったが、一昔前は「動物愛護の名称は詐欺だ！」と、殺処分に対して感情的になった県民が県紙に投書したり、直接、乗り込んでくることもあった。電話がナンバーディスプレイでなかったこともあって、電話が鳴る度に、職員たちは身構えていた。「犬殺し！　猫殺し！」と罵《のの》りつづける嫌がらせの電話もたびたびあったからだ。職員の気苦労も多かった。

告知を外してもいいのでは、と思うこともあるが、職員の安全を考えれば、やはり、ためらわれる。今後、殺処分が増えれば、ふたたび「犬殺し！　猫殺し！」という罵声を浴びるかもしれないからだ。

5

動物愛護管理センターの職員の仕事について、孝は人前で話す機会が多い。

一般に聞きなれない用語も混じるため、内容をわかりやすく解説したプリントを大人や学生向け、児童向けの2種類用意して、「ご家族にもお見せ下さい」と言って配布する。

殺処分はセンターの主業務ではなく、啓発活動が最も重要な仕事と孝は考えている。

「犬や猫は大切な家族の一員です。ですが、犬や猫など愛護動物の本能、習性、生理などを理解しないまま飼育されている方も少なくありません。そのことが、最後までしっかり面倒を見るという終生飼養の責任を放棄する原因にもなっています。可愛くなくなったから、病気になってお金がかかるから、介護が必要になったから、などと理由をつけて山野に捨てたりします。犬や猫にも心、感情があるはずです。ずーっと一緒にいられる、と信じているはずです。動物愛護管理センターは、終生飼養する飼い主さん、ご家庭がより増えるように、愛護動物の本能、習性、生理を理解していただく啓発活動が仕事の中心です。動物愛護管理センターに収容されている一度は飼い主さんに見捨てられた犬や猫のために、終生飼養を約束してくれる新しい飼い主さんを譲渡会で見つけることも仕事です。動物愛護管理センターでは、新たな飼い主さんとなる方、既に飼い主さんである方に6つのお願いをしています」

《6つのお願い》

① 犬や猫のペットは最後まで面倒を見る終生飼養を。ペットを捨てる行為は犯罪として罰則の対象となります。

② 犬の首輪には鑑札票、狂犬病予防注射済票、飼い主さんの連絡先を記した迷子札を。猫の首輪には迷子札を。犬猫ともに室内飼いであっても、マイクロチップの装着も必要です。災害発生時、離れ離れになっても、マイクロチップが装着されていれば、再会できる確率が高くなります。

③ 犬猫とも不妊去勢手術を。多頭飼育は一般のご家庭では無理です。ご近所にも迷惑を掛けます。

④　犬は放し飼いにしないこと。散歩は必ずリードをつけた状態で。リードなしの散歩は「放し飼い」と見なされ、咬傷事故につながる危険性もあるため、市町村などの条例でも禁止されています。

⑤　猫は完全室内飼育で。野外は猫にとって、猫同士のけんかによる病気が感染する機会ともなり、交通事故や人による虐待に見舞われる危険性もあります。

⑥　犬猫が自宅に見当たらない、行方不明という場合は、動物愛護管理センターやお近くの保健所のホームページの「迷い犬情報」「迷い猫情報」をご覧下さい。お心あたりがあれば、ご連絡下さい。また、行方不明となった犬猫について、飼い主さんが写真も含めて情報を書き込める掲示板もセンターのホームページにはあります。ご活用下さい。

不妊去勢手術の重要性は図解して解説するようにしている。一組のペアからどれだけの命が増えていくか、視覚に訴えるのだ。

生後1年には性成熟するオス犬は一生の間、発情していて、つねにメス犬との交尾の機会を狙っている。メス犬の発情は年2回、犬種にもよるが、生後1年には十分に妊娠、出産が可能となる。1回の出産で5匹から10匹の子犬を産む。子犬の半分がメスなら、彼女らが妊娠・出産すれば1年間で50匹前後の犬が生まれる。

オス猫、メス猫はともに生後8カ月ほどで大人猫になる。初春から晩秋の発情期に、妊娠・出産を2、3回行う。交尾をすれば妊娠はほぼ確実で、1回の出産で4匹から8匹の子猫が生まれる。子猫の半分がメスで、そのメスも出産したら、と考えると、1年間で60匹前後の猫が生まれることになる。

不妊去勢手術を「可哀そう」と考える飼い主はいまだに多い。しかし、生まれた子どもをすべて飼育する多頭飼育は、一般家庭では不可能なのだ。糞尿《ふんにょう》の悪臭、鳴き声による騒音が近隣とのトラブルを招くばかりか、餌代、医療費もかさむ。餌を十分に与えられないことで、衰弱したものが食われていく共食いが起こることもある。

動物愛護管理センターは、「狂犬病予防法」と、動物愛護管理法、あるいは動物愛護法と略称で呼ばれることの多い「動物の愛護及び管理に関する法律」に基づいて業務を行っている。さらに、各市町村が動物愛護管理法を踏まえて設けている「動物の愛護及び管理に関する条例」にも基づく。

「愛護動物」の具体的な定義は何か。

「6つのお願い」の中で「ペットを捨てる行為は犯罪として罰則の対象となります」と孝は述べているが、「愛護動物」は動物愛護管理法の罰則規定の中で銘記されている。

条文では、犬や猫を野に捨てる行為を「遺棄《いき》」と呼び、飼育下にあっても、餌や水を与えず衰弱させることも「虐待」として、同じく犯罪行為に位置づけている。

《第44条　愛護動物をみだりに殺し、又は傷つけた者は、2年以下の懲役又は200万円以下の罰金に処する。

2　愛護動物に対し、みだりに、給餌若しくは給水をやめ、酷使し、又はその健康及び安全を保持することが困難な場所に拘束することにより衰弱させること、自己の飼養し、又は保管する愛護動物であって疾病にかかり、又は負傷したものの適切な保護を行わないこと、排せつ物の堆積した施設又は他の愛護動物の死体が放置された施設であって自己の管理するものにおいて飼養し、又は保管することその他の虐待を行った者は、100万円以下の罰金に処する。

3　愛護動物を遺棄した者は、100万円以下の罰金に処する。

4　前3項において「愛護動物」とは次の各号に掲げる動物をいう。

一　牛、馬、豚、めん羊、山羊、犬、猫、いえうさぎ、鶏、いえばと及びあひる

二　前号に掲げるものを除くほか、人が占有している動物で哺乳類、鳥類又は爬《は》虫類《ちゅうるい》に属するもの》

遺棄や虐待をしても、警察に通報されなければお咎《とが》めなし、と開き直っている者がいるからこそ、必要な罰則と言ってもいい。

環境省が作成する「動物の遺棄・虐待は犯罪です」と大きなコピーの入ったポスターには、県、市町村、県警の名とともに、具体的な罰則が記され、公共施設や犬猫の遺棄が多発する場所に掲示されている。

命の重さを理解してもらう上で、罰則についての広報も動物愛護管理センターの仕事であり、必要に応じて孝も説明しているが、この1年は、法改正についても触れてきた。

「2019年6月、令和になって初めての動物愛護管理法の改正が行われ、罰則規定の厳罰化が決定しました。インターネットに犬や猫の虐待動画を投稿するなど、悪質なケースが社会問題となっていることを国会が重大視したからです」

殺傷についての「2年以下の懲役または200万円以下の罰金」、虐待及び遺棄についての「罰金100万円以下」という規定は、2012(平成24)年9月に改正され、翌2013(平成25)年9月から施行されていたものである。

「2020年6月1日からは、殺傷に対しては『5年以下の懲役または500万円以下の罰金』に、虐待及び遺棄については『懲役1年以下、罰金100万円以下』と引き上げられます。繰り返しますが、改正された動物愛護管理法は２０２０年、令和2年の6月1日から施行されます。現在は、こう変わりますよ、という周知期間にあたります」

動物愛護管理法では、愛護動物を定義する前に、「動物愛護週間」について次のように記している。

《第4条　ひろく国民の間に命あるものである動物の愛護と適正な飼養についての関心と理解を深めるようにするため、動物愛護週間を設ける。

2　動物愛護週間は、9月20日から同月26日までとする。

3　国及び地方公共団体は、動物愛護週間には、その趣旨にふさわしい行事が実施されるように努めなければならない。》

動物愛護週間は環境省が主導し、本県では例年、動物愛護管理センターが企画運営責任者となっている。動物供養塔での慰霊祭は、人間の都合で天寿をまっとうできなかった動物たちの冥福を祈るものだ。センターと県立動物園では、それぞれ児童を対象に「動物ふれあい教室」を開催している。犬猫を実際に抱いてぬくもりを感じてもらい、命の大切さを考えるイベントである。

そして、飼い主に見捨てられた犬猫の収容、殺処分に至るプロセスも、動物愛護管理法によって定められている。

動物愛護管理センターでは、犬と猫に比重を置いているが、負傷した野生の哺乳類や鳥類が運ばれて来る、あるいは現場に出向いて、保護する機会も少なくない。治療を施し、回復させ、自然に返せるように努力するのも仕事のひとつなのだ。

6

動物愛護管理法では、飼い主からの犬や猫の「引取り」を定めている。

本県では、さまざまな理由から「もう飼えない」と動物愛護管理センターに飼い主が直接、持ち込んで収容されるもの、県が運営し、犬猫の収容施設を持つ5つの保健所に飼い主が直接持ち込み、一旦、収容されてから動物愛護管理センターに運ばれるもの、に大別できた。このため、動物愛護管理センターや保健所を総称して「保護施設」と関係者は呼んでいる。

2012（平成24）年9月の動物愛護管理法の改正までは、保護施設における「引取り」は壮絶なものだった。

飼い主から求められるまま、事務的に淡々と応じざるを得なかったのである。

病気や老齢の犬猫の「引取り」、不妊去勢手術をしていない犬や猫から生まれた子犬、子猫を何回も「引取り」で持ち込む個人、ブリーダーなど動物取扱業者が売れ残りを持ち込んできたのか、と思われる「引取り」は典型例と言ってもよかった。

保護施設も法律に基づく行政サービスである以上、拒否できる余地がなかった。「引取り」が無料で行われていたことも、安易な「引取り」が行われてしまう原因だった。

全国の各自治体も対策に乗り出した。安易な「引取り」の防止の一助としたのは、平成後期の２００８（平成20）年前後から無料であった犬猫の「引取り」を有料に切り替え、手数料を負担してもらう条例を施行したことだ。「犬や猫は私たちと同じ命である」と飼い主に対して終生飼養の責任を促し、「引取り」の行政サービスを利用するのであれば、相応の負担をしてもらうことにしたのである。

本県では２００７（平成19）年度より有料に切り替えた。生後91日以上で体重が30キロ未満の犬は2千円、生後91日以上の猫は2千円など5つの区分が設けられた。

ただ、「手数料さえ払えばいいのだ」と開き直るような安易な「引取り」の問題に、国会も改善を検討することになった。それが２０１２（平成24）年9月の動物愛護管理法の改正だった。動物の所有者の責務として、所有する動物がその命を終えるまで適切に飼養する終生飼養を明記したのである。これに伴い、終生飼養に反すると考えられる「引取り」は拒否できることも明記された。2013（平成25）年9月1日から施行された。

終生飼養の徹底に伴い、保護施設の「引取り」の基準は厳しくなった。それまでの典型例は、終生飼養に反するとして拒否の対象となった。個人が飼えなくなった場合は新たな飼い主を探す、地域の動物愛護団体やボランティア団体に相談するなど譲渡先を見つける努力、動物取扱業者は販売が困難となった犬猫については譲渡などにより終生飼養を確保する努力が、それぞれ求められるようになった。

保護施設での「引取り」の依頼には、職員が理由を詳細にたずね、「引取り」の可否を判断する話し合いが行われるようになった。孝は、手が空いていれば同席してきた。

「新たな飼い主さんを探されましたか。何人ぐらいに相談されましたか」「ご家族全員と話し合った結果ですか」「同意書と手数料を支払った後、こちらでずーっと面倒が見られるわけではありません。殺処分となります。それでもよろしいですか」などを問う。話し合っていくうちに、これまで過ごしてきた時間を思い出し、「もう一度、この子と過ごします」と涙ながらに改めてくれた者もいる。

「引取り」が認められるのは、保護施設側が「これ以上はどうしても飼えないという理由が見出せる」と判断した場合である。事情は一律ではないが、新たな飼い主を見つける努力をしていなければ、認める判断は難しい。

インターネット上の掲示板で新たな飼い主を探すだけでなく、チラシを作って掲示可能な場所に貼るなど飼い主ができる限りの手段を相応の時間を費やして行ったが見つからない、と把握ができるような例では認められることが多かった。

勤務先からの突然の解雇など、日常生活の維持が困難となった中では、新たな飼い主を見つける精神的余裕もないが、その中でも、努力をしていたと把握できて、認める判断が下ったこともある。

病気や老齢の犬猫に対する「引取り」の依頼は、看護や介護に疲れた、という理由があるが、孝は動物病院での安楽死の検討を進言することも多い。親しんだ家族から突然、引き離され、まったく知らない環境に置かれて最後を迎えることは、病気や老齢といっても、強い孤独と恐怖を覚え、多大なストレスを強いるはずだからだ。

「長年付き添ったご家族が見守る中で、最後を迎えさせてあげる方が望ましいのです。動物病院での安楽死であっても、です」

それを受け、「すみませんでした。自宅で看取るまで面倒を見ます」と言ってくれた飼い主もいた。

新たな飼い主を探す努力もせず、手数料さえ払えば問題はない、という態度で「引取り」を依頼する者に対しては、孝も強い姿勢で臨む。双方の語気も強くなる中、「ならば犬を捨てるぞ！」と恫喝され、捨てることは遺棄という犯罪行為で、あなたの犬が捕獲されて当センターや保健所に収容されたら警察に通報します、と伝えたこともある。警察と言われ、男性はおとなしくなった。孝は地域の動物愛護団体を紹介し、新たな飼い主を探す努力をしてもらった。

飼い主が保護施設に動物を持ち込む「引取り」の場合、殺処分の時期についての条文はない。

「引取り」の犬猫は、飼い主が「正当に」見捨てた元ペットとなり、収容翌日の殺処分も了承したかたちになる。ただ、収容数に余裕があれば、保護施設が1週間以上、様子を見る裁量も与えられている。その中で動物愛護管理センターの職員たちは、健康な犬猫は譲渡会に出す検討も行う。

飼い主による「引取り」に対して、保護施設の職員による徘徊犬の保護は、「所有者不明引取り」とも呼ばれ、狂犬病予防法に基づいて行われている。

持ち運びができる動物捕獲器――鉄製の箱罠に餌を入れて待ち伏せをする方法もあれば、大捕り物になることもあり、保護というより捕獲の意味合いが強い。

「所有者不明引取り」の犬は「抑留」という扱いで収容される。

首輪のない徘徊犬もいれば、鑑札票をつけたままの犬もいる。鑑札票を発行した役場に問い合わせても、移転先不明などで、連絡のつかない飼い主も多い。

猫は犬とは違い、咬傷事故が想定されていないため、「抑留」を定める法律がない。ただし、各自治体の条例に基づいて、飼い主の連絡先が首輪からわからず、迷子と思われる猫は「所有者不明引取り」として保護される。

「所有者不明引取り」には、段ボール箱に入れて置き去りにされた子犬や子猫を発見した第三者が、保護施設に持ち込む例も多い。「誰かが飼ってくれるだろう」「自力で生きのびてくれるだろう」「面倒見のいい人が貰《もら》ってくれるだろう」と、山野や公共施設の敷地内などに捨てられる犬猫も後を絶たない。これらは遺棄にあたり、罰則の対象となるが、捨てる側は足がつかぬよう、監視カメラのない場所に捨てる。

捨てられた犬猫は、どのような運命を辿るのか。交通事故に遭う、人間による虐待行為の危険も大きい。山野の野生動物に捕食される、野生化した仲間に襲われることもある。

負傷して動けなくなっている状態で、保護されるケースは多い。首輪に連絡先が記載されていれば、飼い主に連絡し、直ぐに来てもらい、治療するように伝えることもできるが、身元不明の、負傷した犬や猫は動物愛護管理センターに運ばれ、獣医師による治療を受けることになる。重傷の場合は手術も行われる。どちらも「所有者不明引取り」ではあるが、書類上では負傷犬、負傷猫として区別される。

保護施設に「所有者不明引取り」の犬猫が収容されると、職員はまず、小さな液晶画面のある手のひらサイズのマイクロチップリーダーを犬猫の首の後ろにかざし、読み取る作業を行い、マイクロチップの装着の有無を調べる。無反応は未装着だ。マイクロチップは個体識別用の「電子タグ」で、ペットのＩＤ（身元証明）である。日本のペット行政においては、２０１０（平成22）年前後から普及し始めた。直径２ミリ、長さ１センチほどの円筒形で、15桁の個体識別のＩＤ番号が記録されている。最初の３桁は国コード、以下は国内識別のコードである。マイクロチップリーダーは15桁の数字を読み取る。

マイクロチップの装着は獣医療行為にあたるため、開業獣医師が行う。犬は生後２週、猫は生後４週から施術が可能で、費用は１万円前後だ。「インジェクター」と呼ばれる専用の注射器を使い、首輪の後ろの皮下へ装着する。痛みや負担を与えることはない。

装着後、飼い主は日本獣医師会が運営するＡＩＰＯ事務局にデータを登録する必要がある。ＡＩＰＯとは、Animal ID Promotion Organization（動物ＩＤ普及推進会議）の略称で、マイクロチップによる動物個体識別の普及推進を行っている団体だ。

施術した獣医師から病院の所在地が記入された専用の用紙を受け取り、住所、氏名、連絡先などを書き込んで、専用封筒で郵送する。その際、登録料として１千円ほどかかる。

地域によっては、獣医師が登録料を預かり、獣医師会経由で代行することもあるが、基本的には飼い主本人が登録を行う。

マイクロチップの長所は、犬猫が迷子になったとき、飼い主に戻る確率が高くなることだ。災害時はもちろん、庭で花火大会を眺めて楽しんでいたら、音に驚いたペットが逃げ出して迷子になってしまった。そのようなとき、マイクロチップが装着されていれば、15桁の番号を照会することで、飼い主に連絡がつく可能性が高くなる。盗難に遭い、保護された場合も同様だ。猫の場合、犬のような鑑札票、狂犬病予防接種の義務がないために、有効な身元証明になり得る。

犬猫だけではない。鳥、ヘビ、亀、アロワナなどの大型観賞魚も、マイクロチップの装着は飼い主の努力義務とされている。国の法律や、県市町村の条例が定めているものではないが、ペット同伴の海外旅行の際には、要注意である。装着されていないと入国できない国もあり、マイクロチップは世界の潮流なのだ。

「飼うのに飽きた」「大きくなりすぎて面倒が見られない」といった、飼い主の都合による遺棄を防止するためにも、マイクロチップは有効で、見えない鎖になる。

登録は獣医師が発行する専用用紙のみで、インターネット上では書き換えが行えない。データ改ざん防止のためである。マイクロチップ装着済みのペットを、新しい飼い主に託す場合、登録済みの飼い主の意思確認を経てから、同じ15桁の番号のまま、新たな飼い主のデータが上書きされる。

マイクロチップの耐用年数は30年、電池は不要で、故障や破損の報告もない。犬猫では20年以上の長寿となっても安心である。

とはいえ、首輪のない犬が持ち込まれて、読み取った15桁の番号を照会したところ、データが未登録で身元不明とされる例もある。どんな文明の利器でも完璧ではないのだ、と孝は折々に考えさせられた。飼い主の努力義務として、動物愛護管理センターでも広報に力を入れている。

マイクロチップ以前からの、個体識別の有効な方法は「迷子札」である。

犬猫の名前、飼い主の氏名、連絡先を記したものを首輪の表側から見えるように装着する。犬の鑑札票や狂犬病注射済票のように首輪に下げるタイプのもの、首輪に巻いてマジックテープで固定するものなど仕様はさまざまである。

迷子札の威力が発揮され、必要性がかってないほどに高まったのは、２０１１（平成23）年3月11日に発生した東日本大震災だった。犬、猫も一緒に連れて避難所に向かう「同行避難」ができた被災者もいれば、飼い主と離れ離れになり、行方不明になる犬猫も多かった。

犬の場合、首輪に鑑札票、狂犬病予防注射済票をつけているものは、行政のデータを辿って飼い主が見つかったものもいたが、迷子札をつけているものは、携帯電話での連絡も可能で、より早く飼い主が特定されて再会に貢献した。

猫の場合は、鑑札票、狂犬病予防注射済票を装着する義務もないことから、迷子札はもとより首輪をつけていないものが多く、飼い主の特定は困難を極めた。なす術もなく、飼い主と再会できない猫も多かったのである。

7

動物愛護管理センター、保健所といった保護施設に犬猫が収容される経緯は「引取り」と「所有者不明引取り」に大別され、収容後の犬猫の運命は「生きるか死ぬか」となる。「引取り」と「所有者不明引取り」には法律上の差異があり、「引取り」の犬猫は、飼い主が「正当に」見捨てたペットゆえに、収容翌日の殺処分も珍しくはないのに対し、「所有者不明引取り」として「抑留」された犬猫は、「迷い犬情報」「迷い猫情報」として動物愛護管理センター、保健所のホームページに写真入りで公示される。推定年齢や外形の特徴、保護された場所の情報も記している。「返還」こと、飼い主のお迎えを待つためだ。

狂犬病予防法では公示期間は最低2日、満了の後1日以内に所有者である飼い主が迎えに現れなければ殺処分していいと定めているが、「引取り」の場合と同様、保護施設の裁量は認められている。施設の収容能力に余裕があれば、最低2日の公示期間後に、さらに1週間以上追加して、その間もホームページ上で公示が続く。動物愛護管理センターのホームページでは、県下の「迷い犬」「迷い猫」を毎日、整理して更新している。

「返還」といっても、無料で犬猫を連れて帰ることはできない。保護施設では、都道府県が独自に定めた返還手数料と、日割りで定められている飼養管理費を収容日数分、支払う義務がある。

本県における返還手数料は3千円、飼養管理費は1日あたり5百円である。県の「手数料及び使用料に関する条例」で定められているものだ。「公共の施設なのにえらく高い」と怒る者もいるが、5千円近くに設定している県もある。本県が良心的なのではなく、収容数や地域事情を汲んで、自治体ごとに設定されている。

公示期間が切れて、「返還」がなければ、殺処分しても問題はないが、近年、動物愛護管理センターでは譲渡会に出す流れが主となった。各保健所で「返還」のなかった犬猫は動物愛護管理センターの職員が回収して、譲渡会への検討に加える。

お迎えもなく、病気や高齢で譲渡会に出すのも困難と思われる犬猫は、殺処分が検討される。

動物愛護管理法では、《動物を殺さなければならない場合には、できる限りその動物に苦痛を与えない方法によってしなければならない。》と書かれている。安楽死させよ、という意味だ。

殺処分には二つの方法がある。

ひとつは、「炭酸ガスドリーム装置」「炭酸ガス処分機」という商品名の殺処分装置に犬猫を送り込み、二酸化炭素を注入して、呼吸を止める。窒息死だ。本県のみならず、47都道府県のどこにでもある殺処分装置を、現場では「ドリームボックス」と呼んでいる。眠るがごとくという、苦し紛れの揶揄《やゆ》が込められている。

(呼吸が困難となり、死を意識するだろう彼ら彼女らの脳裏には、飼い主らと一緒に過ごした楽しい日々が、走馬灯のように思い起こされているのだろうか)

孝とすれば、そう考えたくもなる。

もうひとつの方法は、薬物注射である。粉末状の睡眠薬をフードに入れて与え、眠らせた後、筋弛緩《しかん》薬を注射する。注射針を刺す場所は首の皮下か、前足の太ももの筋肉のどちらかが多い。眠っているので注射の痛みはないもの、と考えられている。

この薬物注射の方法は動物病院でも、病気や大怪我などでの犬猫の安楽死処分で用いられている。

どちらを採用するか、簡単に言えば、当センターでは10匹以上の犬猫の殺処分にはドリームボックス、数匹であれば薬物で、というケースが多かった。費用や作業効率を考えてのことだ。

いずれも殺処分を終えると、焼却炉に移して荼毘《だび》に付す。燃料は重油である。焼却する数にもよるが、火力調整も踏まえれば、1時間ほどで骨になる。

地上設置型の燃料タンクに重油が貯蔵されており、定期的に県の指定業者が補充に来る。

殺処分がメディアで話題になるのは、牛や豚、鶏など畜産動物に重篤な感染症「家畜伝染病」が発生したときだ。牛や豚、山羊などの偶蹄《ぐうてい》類に感染し、舌や蹄《ひづめ》に水疱《すいほう》を生じさせる口蹄疫、豚熱と今は改称された豚コレラ、鳥インフルエンザなどの発生が確認された場合、地域内での感染封じ込めのため、家畜伝染病予防法に基づいて、ウイルスを保有していない個体も含めて大量の殺処分が行われる。宮崎県で2010（平成22）年に発生した口蹄疫では約20万頭の牛が殺処分された。

犬猫殺処分も公衆衛生を守るためであり、知る人ぞ知る面が強いが、日本全国で日常的に行われている。国民にとって身近なもの、と言ってもいい。

その数は近年、確実に減少している。収容中に死亡する犬猫もいるため、若干の誤差は生じるものの、環境省の統計を見れば、それがよくわかる。

２０１５（平成27）年度の全国の犬猫の収容数（「引取り」と「所有者不明引取り」の合計）は約13万7千匹（犬が約４万７千匹・猫が約９万匹）、返還・譲渡数は約５万３千匹で、殺処分数は約８万３千匹（犬が約１万６千匹・猫が約６万７千匹）。ただし、１９７４（昭和49）年の統計開始以来、初めて殺処分数が10万匹を切った。

２０１６（平成28）度の全国の犬猫の収容数（同）は約11万４千匹（犬が約４万１千匹・猫が約７万３千匹）、返還・譲渡数は約５万７千匹で、殺処分数は約５万６千匹。こちらでは、同じく１９７４（昭和49）年の統計開始以来、初めて返還・譲渡数が殺処分数を上回った。

２０１７（平成29）年度の全国の収容数（同）は約10万匹（犬が約３万８千匹・猫が約６万２千匹）で返還・譲渡数は約５万７千匹、殺処分数は約４万３千匹、２年連続で返還・譲渡数が殺処分数を上回った。

２０２０（令和２）年４月末時点の最新の数字として、２０１８（平成30）年度の全国の収容数（同）は約９万２千匹（犬が約３万６千匹・猫が約５万６千匹）、返還・譲渡数は約５万４千匹、殺処分数は約３万８千匹と、返還・譲渡数が殺処分数を３年連続で上回った。

収容総数に占める返還・譲渡数の割合は生存率とも称されるが、生存率は約39パーセント、約50パーセント、約57パーセント、約58パーセントと向上してきた。

本県おいては、2016年度から直近の2019年度までの4年間、収容犬、収容猫については、次のような数字を記録した。こちらでも収容中に死亡した犬猫もおり、統計を足し算、引き算なりすると誤差は生じる。

犬においては、飼い主からの「引取り」は約180匹から約50匹に、「所有者不明引取り」は約1600匹から約770匹に、負傷は各年度10匹前後、「返還」は各年度約260匹前後で横ばい、譲渡は約350匹から約470匹に右肩上がりに、殺処分は約1200匹から約100匹と大きく減少した。

猫においては、飼い主からの「引取り」は約140匹前後で横ばい、「所有者不明引取り」は約2300匹から約680匹に、負傷は各年度50匹前後、返還は各年度約20匹前後で横ばい、譲渡は約110匹から約270匹に増え、殺処分は約2350匹から約580匹と大きく減少した。

殺処分数は、犬は2017（平成29）年度に統計開始以来、初めて3ケタの数字となり、2018（平成30）年度は犬が2年連続で3ケタ、猫が統計開始以来、初めて3ケタの数字となり、合計でも初の3ケタで1000匹を切った。2019（平成31・令和元）年度も犬猫合計2年連続で3ケタ、最低を更新した。

2019(平成31・令和元)年度の犬猫の殺処分数は約680匹である。単純に1年48週と計算すれば、1週あたり約14匹となる。殺処分は土日、祝日を除く平日に行う。月曜日から金曜日までの5日の業務とすれば、1日約3匹となるが、日によって差異があり、殺処分を行わない日もある。

近年の統計では譲渡数は伸びているものの、飼い主のお迎えが来る「返還」において、犬に比して猫の少なさがやはり目立ってしまう。保護施設としても、「返還」が少ないからこそ、譲渡数を伸ばしたいと考えるのだ。

全国の統計は、各都道府県の数字を足したものである。

政令指定都市、中核市は、都道府県から保健所や動物愛護管理センターなどの業務の権限が移管されているので、独自に犬猫の収容、殺処分装置を備え、譲渡会を行う市立の保護施設を持つことができる。都道府県は、県管轄の数字、政令指定都市や中核市の数字を環境省にそれぞれ届ける。合算して各県の統計と見ることができる。

本県の県庁所在地も遅ればせながら、来年度4月から中核市に移行する。来年度からは、県管轄から中核市の分が抜けるわけで、県管轄の「引取り」や殺処分数も減ることになる。返還率の低さをいかに改善するか、という課題はあるものの、一定の感慨が孝にはある。

（紆余《うよ》曲折はあったが、ようやくここまで来たか……）

孝が勤務1年目の1992（平成4）年度は、本県における犬の殺処分が約1万3千匹、猫の殺処分は約6千匹、犬猫合わせて約1万9千匹であった。

1日あたり約何匹になるのか。1年を48週として、週あたり約396匹。土曜、日曜をのぞいて週5日とすれば、1日あたり約79・2匹となる。年末年始、祝日の作業はないが、四捨五入して1日平均約80匹としても問題ないだろう、というのがセンター内で共有した数字であった。

2019（平成31・令和元）年度の殺処分数は犬猫合わせ約680匹だから、1992年度の約28分の1になったのだ。

全国の犬猫の殺処分数の集計は1974（昭和49）年度から開始され、1974年から1998（平成10）年度までは総理府が発表し、1999（平成11）年度からは環境庁時代も含め、環境省が発表している。

平成元年度となる1989年度の全国の犬猫の殺処分数は約101万5千匹（犬が約68万7千匹・猫が約32万8千匹）、1994（平成6）年度は約76万5千匹（犬が約46万9千匹・猫が約29万7千匹）である。平成は右肩下がりで殺処分が減少していく時代だった。

2008年9月にリーマンショックが起こるが、前後の全国の犬猫の殺処分を見ても、減少傾向は変わらなかった。田辺家の愛犬となったペロはその産物かもしれないが、日本のペット行政には、特筆するような影響はなかったようだ。孝が思い出してみても、リーマンショックの影響で犬猫の譲渡会が開催できなくなった、ということもなかった。

２００７（平成19）年度の全国の犬猫の収容数（「引取り」と「所有者不明引取り」の合計）は約33万6千匹（犬が約13万匹・猫が約20万6千匹）で、返還・譲渡数は約3万6千匹（犬が約3万匹・猫が約6千匹）、殺処分数は約30万匹（犬が約9万9千匹・猫が約20万1千匹）。

２００８（平成20）年度の全国の犬猫の収容数（同）は約31万5千匹（犬が約11万3千匹・猫が約20万1千匹）で、返還・譲渡数は約4万1千匹（犬が約3万3千匹・猫が約8千3百匹）、殺処分数は約27万6千匹（犬が約8万2千匹・猫が約19万4千匹）。

２００９（平成21）年度の全国の犬猫の収容数（同）は約27万2千匹（犬が約9万4千匹・猫が約17万8千匹）で、返還・譲渡数は約4万4千匹（犬が約3万3千匹・猫が約1万1千匹）、殺処分数は約23万匹（犬が約6万4千匹・猫が約16万6千匹）——。

返還・譲渡数は右肩上がりに、殺処分数は右肩下がりのまま、以降も同様の傾向をたどってきた。

30年余の平成を10年ずつおおまかに3分割したとき、２００８（平成20）年前後からの平成後期の10年余は、犬猫をめぐる社会環境は革命的と言ってもいいほど、確実に改善されてきたと孝は評価している。

全国の各自治体が「引取り」の有料化に取り組んだからこそ、2012(平成24)年の動物愛護管理法の改正で動物の所有者の終生飼養の責任が明記されて、自治体は終生飼養に反する理由による「引取り」を拒否できるようになった。

行政が殺処分の現場の実態を「地域の恥部」とタブー視することをやめて、地域の動物愛護団体やボランティア団体などとも連携し、情報を積極的に発信するようになった。

多くのメディアが、「行政も好きで殺処分しているのではない。最後まで面倒を見ない無責任な飼い主の尻拭いをさせられているのだ」という切り口で、飼い主の責任を問いかけるようになり、社会全体の関心を喚起したのだった。

8

(動物愛護管理法も随時、改正が加えられて、犬や猫を愛護動物としてしっかりと法整備できたのは本当に嬉しい。パソコンや携帯電話の普及は革命的な戦力になってくれた。ペットを取り巻く社会環境の変化に、どれだけ貢献してくれたか)

孝の実家に盆、正月のお参りにやってくる浄土宗の住職からも、近年の飼い主たちの話を聞かされていた。平成半ばに代替わりした孝の2歳上の住職だ。10年前の盆には、こんな会話をしたのを覚えている。

「檀家《だんか》さんのご愛犬、ご愛猫《びょう》が亡くなると、是非に、と寺での葬儀を所望し、お経をお唱えする機会が増えました。愛犬、愛猫も最後は病気や老いで亡くなる。そのまま埋葬するのは可哀そうだ、と。お経は5分から10分ぐらいです。犬用、猫用に、と特別に用意されたお経はなく、一緒に暮らしていた家族の一員としてのお経、という位置づけです。ペットショップで販売されているものでありましょう、犬猫用の棺桶に入れて持って来られるか、どちらかで火葬されて骨壺で持って来られるか、など人それぞれで、お経をお唱えする場合は、一般のご葬儀と同じように、私の後ろにご家族の方が並ばれます。私単独でお唱えすることはありません。浄土宗ですから、皆さんで南無阿弥陀仏をお唱えもします」

「ご住職は、ペットを失った方の精神的な苦痛であるペットロスに、どう対応すべきかと、お考えになっておられるわけですね」

「ええ。私にしても子どもの頃から寺に寄り付いた捨て犬、捨て猫を飼っては看取り、亡《な》き骸《がら》を寺の敷地にそのまま埋葬してきた経験があります。ペットを失った檀家さんの辛いお気持ちもわかるのです」

「私も公衆衛生獣医師として、人間と犬猫の共生に取り組んでいるので、本当にありがたく思います」

「それにしても、とつくづく思いますよ、田辺さん。亡き愛犬、亡き愛猫にお経を、と、この日本で、どこのどなたが最初に言い出したのか、と。坊さんが言い出したなんて話は聞いたこともないし、仏教界がどうこうしようと動いたわけでもありませんから」

「ご住職、亡きペットにお経、は終生飼養の責任を果たした飼い主さんから自然な所作として生まれたもの、と言っていいのでしょうか」

「そう解釈してよろしいのではないか、と。ペットを飼った経験のない住職にとっては、ペットのご供養に対してどう向き合うべきか、いささか戸惑うかもしれませんね。私なりに考えましして」

住職は一呼吸置いてから言った。

「境内に動物慰霊塔を建てました。ささやかなものではありますが」

住職、檀家らの犬猫の「お骨」が納められることになったという。墓参りの際、孝は一回り小さな墓石で建てられた動物慰霊塔を見た。「慰霊」と彫られていた。合掌した。

2年前の盆に、住職はさらに興味深い話を教えてくれた。

「お盆や正月に限らずですが、ここ10年ほど檀家さんのお宅を回ると、お仏壇の横に亡きご愛犬、ご愛猫の写真を飾るようにはなっていましたが、この2、3年は、お仏壇の中に写真を入れているお宅が多くなっております。『寂しいから』と、納骨できないままの方もおります。お経も含めて、これらは私の親父までの代にはまったくなかったことですよ。そういうご家庭では、ご先祖様にお経をお唱えさせて頂いた後で、亡きご愛犬、ご愛猫の名前を聞いて、お経をお唱えしています。お盆はご先祖様をわが家にお迎えするわけですが、最近は『うちの子が帰ってくる』と受け止められる方も多くなりましたね」

亡き犬猫用の迎え火、送り火などのお盆用品のセットは、ネットでは夏の一大商戦になっている。大切な家族の一員という意識が育まれたからこそ、「お盆にうちの子が帰ってくる」という思いが喚起されるのだろう。

犬猫に興味がない人にとっては、犬猫のお盆の送り迎えなんて、と首を捻るのだろうな、と孝は思う。だが、人間の死よりペットの死を身近に感じている人も少なくないのではないか、と孝は感じてもいる。

長寿の犬猫は家庭での看護や介護が必要となり、老いて死が迫る様を家族は日常生活の中で直視せざるを得ない。よだれを垂らす、腰が抜ける、夜中に突然、吠えたりする姿を家族は目の当たりにする。

人間の場合は、家族の負担も大きいから老人ホームや病院に入れる。ただ、それは死に近づく姿を日常生活で見る機会が限られることになる。逆に、犬や猫の死を体験することによって、死がどんなものかわかってくる、という世の中になったとも言えそうだ。

だから、亡くなった犬や猫をただ土葬や火葬にするのではなく、お経を唱えてもらいたいと思うようになったのか、と孝は腑に落ちた。

（犬猫が死ぬまでの姿を一度でも見ていたら、とても捨てる気持ちにはならないだろう。終生飼養しよう、と思うだろう。高齢社会といっても、犬や猫のペットが人を育ててくれている面は大きい、と気づいている人は社会に多いはずだ）

この10年、こうした社会の変化があるからこそ、全国的に返還・譲渡数が上がり、殺処分数が減少してきたと考えられる。

しかし、新型コロナウイルスによる影響は、リーマンショックとは明らかに一線を画しているように孝には思える。

譲渡会が感染拡大の機会にもなり得るのか。そう考える一方で、自粛に伴う経済の停滞は人々の暮らしを直撃して、飼育が困難になる人もいるはずだ。影響がない、と考える方が不自然ではないか、飼い主が犬猫を保護施設に運んでくる「引取り」が増えるのではないかと考えてしまうのだ。

それは今月や来月にすぐ起こることではなく、数年かけて、起こることなのかもしれない。殺処分に忙殺された頃に戻るだけ、とはとても割り切れるものでもないが、孝は、(殺処分という仕事があることも認識して、自分は公衆衛生獣医師として、この現場で働くことを希望した)

と顧みるのである。

県庁入りした1992(平成4)年当時、動物愛護管理法は存在していなかった。代わりに存在していたのは、動物愛護管理法の前身となる動物保護管理法と呼ばれていた「動物の保護及び管理に関する法律」である。動物愛護週間についての記載はあるが、当時の当施設の呼称は動物保護管理法に基づく前身施設、県動物保護管理センターであった。

正確に言えば、孝の公衆衛生獣医師生活は動物保護管理センターで始まった。

狂犬病予防法が終戦間もない1950(昭和25)年に制定されていたのに対し、動物保護管理法は1973(昭和48)年9月に議員立法で制定され、同年10月に施行された。

罰則については次の一文で触れているのみである。

《保護動物を虐待し、又は遺棄した者は、3万円以下の罰金又は科料に処する。》

罰則の前には、犬猫など保護動物の「引取り」が記載された。

《地方公共団体は、動物による人の生命、身体又は財産に対する侵害を防止するため、条例で定めるところにより、動物の所有者又は占有者が動物の飼養又は保管に関し遵守すべき事項を定め、人の生命、身体又は財産に害を加えるおそれがある動物の飼養を制限する等動物の飼養及び保管に関し必要な措置を講ずることができる。（犬及びねこの引取り）》
《都道府県又は政令に定める市（以下「都道府県等」という。）は、犬又はねこの引取りをその所有者から求められたときは、これを引き取らなければならない。この場所において、都道府県知事又は当該政令で定める市の長（以下「都道府県知事等」という。）は、その犬又はねこを引き取るべき場所を指定することができる。
2 前項の規定は、都道府県等が所有者の判明しない犬又はねこの引取りをその拾得者その他の者から求められた場合に準用する。》

この条項により、飼い主が「最後まで面倒を見られない」と言えば、理由がどうであれ、行政は「引取り」に応じねばならない、とされたのである。

「飼うのに飽きたから」「病気になったから」「引っ越し先がペット禁止だから」とさまざまな理由で、県内の保護施設に犬猫が持ち込まれるようになった。動物保護管理センターの職員に、元ペットの殺処分という業務が加わったのだった。

全国の犬猫の殺処分数の統計が1974（昭和49）年度から始まるのは、1973（昭和48）年10月に動物保護管理法が施行されたからだ。

当時、本県の動物保護管理センターでは、現在のような犬猫の譲渡会は行われていない。

ただし、譲渡自体は存在していた。一般への譲渡ではなく、県内の研究機関に実験動物として、無償提供されたのである。殺して焼いてしまうのだから、せめて科学研究のために活用した方が有意義、という考えがあったと言ってもいい。

動物保護管理センターの前身は、狂犬病予防法に基づいて開設された県動物管理所である。徘徊犬の駆除、殺処分を既に行っている現場に、大量の「元ペット」が加わったのだ。狂犬病予防法の施行を受け、本県も動物管理所を設置して、「野犬狩り」が保健所職員の重要な仕事となったわけだが、それにまつわる話を、孝は先輩職員から聞かされてきた。その先輩職員も当時をリアルタイムで知るわけではなく、彼らもまた、その先輩から聞かされていたものだ。尾ひれ背びれが加わっている面もあろうが、孝には疑う余地もなく、受け止められた。

舗装もされていない道が多い中、檻に詰め込まれた徘徊犬が、県内各地から何時間もかけてトラックや軽トラックで運ばれてくる。到着すると、動物管理所に勤務する公衆衛生獣医師が建物から現れ、感染しているものがいないか、檻の外から目視でチェックをする。殺処分する犬ばかりだから、水や餌を与える必要もなければ、荷台が真夏の強烈な陽射しにさらされようが、雨、雪にさらされようが、心配する者はいない。

途中で命を落とす犬もいれば、狭い檻の中で、腹を空かした犬が衰弱した犬に襲いかかり耳や肉を食いちぎることもある。口の周囲を血で真っ赤にしている野犬は珍しくなかったという。

動物管理所に運ばれる間に野犬たちの共食いが起きていたわけだが、尋常な数ではない野犬を殺処分するには、その方法もまた、尋常ではなかったらしい。

運んできた檻から、棒の先に輪状の針金がついた「輪っぱ」と呼ばれる専用の道具を首に引っかけて引きずり出し、木刀、鉄パイプ、丸太で殴打して、撲殺した犬、気絶した犬をそのまま焼却炉に放り込み、重油をかけて焼却処分をしたという。孝は当時の写真を見たことはない。公開できるような内容ではないから、残っていないのか。狂犬病を抑え込んだ安心安全な社会の実現のために、記録を残すことに思考が回らなかったのか。

水も餌も与えられず、犬は殺気立ち、動物管理所の職員も命懸けだったという話には、説得力を感じた。何人もの職員が細心の注意を払っていても、腕や足に咬みつかれて衣服越しに肉を食いちぎられる事故が頻発したという。殴打するとき、反撃される職員もいることで、対策を考えなければならなくなった。

そこで、当時は安く入手できたクジラ肉に無色無臭の猛毒「硝酸ストリキニーネ」を混ぜて薬殺処分する方法が採用されたというのである。

犬たちは警戒していても、空腹の状態で収容されるため、飢えを満たすために口にしてしまうだろうと孝は想像した。

それでも肉を口にしない犬は、手っ取り早く、撲殺されたのだろう。公衆衛生とは綺麗《きれい》ごとではなく、そこまでしないと維持できないものなのか、と孝は先輩たちから教えられ、語り継いでいく責任も感じたのである。

狂犬病予防法による徘徊犬の掃討が行われる中、朝鮮戦争が終わり、日本は高度経済成長期を迎えていた。

国民生活が豊かになるにつれて、犬猫たちは愛玩動物、ペットとして意識されるようになった。庭付きの一軒家に住み、犬や猫を飼って、庭で子どもたちと遊ばせたい、そんな夢が庶民に広がっていく時代だった。

番犬の仕事をしていた犬も、ネズミ捕りの役目を担っていた猫も、それぞれの立場が転換していく。都市部と比べて、農漁村の多い、田舎と呼ばれる地方を抱えた本県では、その流れも比較的緩やかであったのだろうな、と孝は想像する。

昭和時代、犬や猫はペットショップで血統書付きのものを購入するよりも、友人や知人からもらってくる、捨て犬、捨て猫を拾ってくる、いつの間にか家に寄り付いた犬猫に餌をあげているうちに情が移る、そんな身近なきっかけで飼い始める家庭が一般的だった。

昭和末期から平成初期にかけてのバブル経済期には、一大ペットブームが到来し、血統書付きの犬猫の需要が高まり、ペットショップやブリーダーが大忙しとなる。

犬は庭の犬舎から室内に入って、生活空間を共にすることになった。昭和の頃、猫は昼間は外に出し、放し飼いをする飼い主も多かったが、近所とのトラブル、交通事故、野良猫との接触による交尾や病気などを回避するため、室内飼育をするようになる。

都市化がすすみ、マンションなどの集合住宅も増加した。時代とともに、犬猫の室内飼育が一般的になり、犬や猫は、家族の一員になったのである。

孝の公衆衛生獣医師としてのキャリアは、狂犬病予防法を柱として、動物保護管理法が動物愛護管理法となり、犬猫を筆頭とした愛護動物に対する罰則規定が随時、改正・強化されていく変遷期に合致する。中でも平成時代は画期的であった、と孝は思うのだ。

常勤15人体制の動物愛護管理センターで所長の孝以下、獣医師で狂犬病予防員、動物愛護管理担当職員の立場にある者は、40代の副所長、30代の主任技師2人、20代の技師1人の計5人である。この5人以外が犬猫の殺処分を行うことは認められていない。

その他、事務員が4人、獣医師の資格は持たないが、6人の狂犬病予防技術員がいる。この6人は犬猫の死体焼却作業、電話連絡を受けて徘徊犬、迷い子と思われる猫の保護に出向くほか、管理棟に収容される犬猫の飼育、犬猫の譲渡会も含めセンターの啓蒙《けいもう》活動などを獣医師とともに遂行する。県内各地の保健所に「引取り」、保護で収容されて抑留の公示期間が切れた犬猫を動物愛護管理センターに運ぶのも彼らの仕事だ。動物保護管理センター時代は殺処分数が多かったことで、狂犬病予防技術員は10人いた。近年は殺処分が減少してきたことで狂犬病予防技術員を配置転換できたのである。また、非常勤の嘱託獣医師が3人おり、犬猫の不妊去勢手術を手伝う。

9

孝が地元にある国立大学の獣医学部に入学したのは、1986（昭和61）年4月だった。高校時代は軟式野球部と生徒会活動の掛け持ちで勉強熱心な方ではなかったが、現役合格を果たせたのは、亡き愛犬の導きかと思ってきた。

小学3年生から高校2年生までの約8年間、孝は1匹の犬を飼っていた。大手製薬会社の地方研究所に勤める研究薬剤師だった父が、会社の実験室から譲り受け、孝がペロと名付けた犬である。

ビーグルの血が入っているのかと思わせる、可愛らしい中型の雑種犬だった。3歳年上の兄は川や沼で捕ってきた魚をニシキゴイが泳ぐ池に放って観察することに夢中で、犬にはさほどの関心を示さなかったが、犬を飼っているクラスメイトがうらやましかった孝には大歓迎だった。

「この犬は腎臓が1つしかないんだ」

人間も動物も腎臓は2つあり、体内の老廃物や毒素を尿として体外に排出する重要な臓器であること、また、研究所で飼育するため、交尾ができないよう不妊手術が施されており、元はメスだ、と父が丁寧に説明した。

「長生きはできないかもしれないな」

父は言うが、深刻な様子でもない。孝にとっては、犬が来た嬉しさに変わりはなかった。何の研究のために飼われていたのか、どのくらい研究所にいたのか、父は話さなかったが、忘れられないのは、「役場で手続きをしないと、家族の一員にすることはできない」と強調したことだ。

そう言って父は、役場への登録、開業獣医師による狂犬病予防注射の接種が年に1回、必要であることを、わかりやすく教えてくれた。このとき、孝は狂犬病という感染症を知ったのである。今年度の狂犬病予防注射は注射済みで、首輪に注射済票がついている。

実験動物の運命を免れたと本能的に察したのか、ペロと名付けた犬はすぐにわが家になじんだ。翌日、学校から帰宅すると、ペロの新しい首輪に、真新しい鑑札票がついていた。

「獣医さんに体調を診てもらった。問題ないそうだ。ペロは2歳ぐらいということだ」

父は役場からもらったというパンフレットを孝に渡す。

《とうろくも　ちゅうしゃもすんで　ボクの犬》

《かわいいと　思う気持ちを　さいごまで》

「孝が責任を持って飼いなさい。任せたぞ」

望むところだった。「ボクの犬」と言われたことも嬉しい。放課後、どこに行くにも必ずペロを連れて行き、食事や排泄の処理、犬小屋の掃除も進んでやった。

ペロは散歩中に他の犬と会うと、相手がオスでもメスでも唸り声を上げて威嚇《いかく》するが、ときおり見かける、首輪のない犬にはなぜか吠えなかった。ただ、犬が近寄ってくると、孝の前に立って、孝への接近をはばむ姿勢を取った。

ペロを飼うようになって、気になりはじめたのは、下校途中や遊びに行く途中、「野犬狩り」をする保健所の職員をたびたび見かけることだった。針金の輪のついた棒を持ち、トランシーバーで連絡を取り合っている。あの首輪のない犬を探しているのだろうか。保健所がどんな仕事をしているのか、詳しいことはわからなかったが、「野犬を捕まえる仕事をしている」と子どもなりに理解した。

当時、一戸建ての家では、庭や玄関近くに犬小屋を置いて、リードや鎖で繋いで犬を飼うのが一般的だった。真冬には毛布を犬小屋に入れるなどの配慮はするが、それでも元気なものだった。

ペロは食欲旺盛だった。多くの家庭では、残飯に魚の骨をはじめ余りものを載せて、みそ汁をかけたワンコ飯、ニャンコ飯と称した「汁かけ飯」を与えていたが、あるとき、祖父が「人間の食べ物は犬の体にはよくない」と言い出して、ペットフードを与えるように厳命し、用意してくれた。その頃、ペットフードはまだ少数派であったが、父も孝も従うしかなかった。

ペロは満腹感を得られないのか、犬小屋につないだ鎖が伸長する範囲で野鳥や昆虫、さらには土を掘り返し、ミミズまでたびたび食べて、田辺家を驚かせた。

「元は野犬だったのかもしれないな。食い物への執念は野生的だ」

父のつぶやきに、孝はうなずいた。

(野犬に吠えないのは仲間だったからだ。仲間から、ボクを守ろうとしてくれたのだ)

孝は子どもなりに考えた。

庭で飼育することで、最も警戒すべきものは、蚊を媒介とする寄生虫病のフィラリアだった。心臓や肺動脈に糸状虫のフィラリアがとぐろを巻いて何百と巣食ってしまえば、肺や胃、腎臓などの臓器にも支障が生じ、もはや手術しかない。多くの場合、全身が衰弱していて、既に手遅れである。諦めるように獣医には進言されるものだった。昭和の当時は、フィラリアの有効な予防薬がなかった。

入学や卒業、正月、誕生日など、折々の節目にペロと記念撮影をした。ペロとの思い出が積み重なっていく。孝が高校1年生の秋、ペロは時々、軽い咳をするようになり、散歩の足取りに鈍さが見られるようになった。ペットフードを残すこともたびたびで、みるみる痩せていく。

病気だとようやく疑い、動物病院を訪れた。血液検査とレントゲン検査でフィラリアと診断された。腹水も認められ、もはや体力的に手術も困難、余命半年、と宣告された。孝は冷静に、獣医師の告知を聞いていた。「このまま自宅で飼ってあげるのがいい」という獣医師の言葉も受け入れた。

半年後。血尿が10日ほど続いた日曜日の朝、ペロは昏睡《こんすい》状態となる。孝が抱きかかえて家族と共に見守る中、最後は深呼吸らしきものを二度して息絶えた。フィラリアで苦しみながらも、最後は安らかな死であったのが救いだった。

ペットを火葬して骨にする――という発想は、当時、一般的ではなかった。犬猫をはじめ、ペットの亡骸は、自宅の庭や畑などに埋葬するのが常識だった。孝はペロを庭のヤツデの木の下に埋めた。

「将来は獣医師に」という希望は、ペロと過ごす日々の中で育まれたものだ。

獣医学部の1学年の定員は80名、医学部、歯学部と同様に6年間学ぶ。3年次からの専門課程に進む前に、実験動物取り扱い業者を経たという犬猫を使い、安楽死を経ての解剖実習が行われる。

それに先駆けて、講義では犬猫の身体的特徴、生理について学んだ。ドッグフード、キャットフードが流通する時代になり、犬猫の食性についても触れた。

「犬は雑食性で、必要な栄養素は比較的、人間の食事と似ていますが、肉類などタンパク質を含むフードを多く摂取させなければ体は維持できません」

「猫は元来、肉食性で、犬に比べてタンパク質や脂肪を多く含むフードを与える必要があります。気をつけなければならないのは、アミノ酸の一種であるタウリンは、人間や犬の体内では作ることはできますが、猫は作れませんので、タウリンを含むフードを与えないと、心臓や目に障害を起こす可能性も高くなることです」

ワンコ飯、ニャンコ飯が過去のものになり、ドッグフード、キャットフードが主流になった理由を孝は理解する。

「人間が食べているものでも、犬や猫に与えてはいけない食品があります。タマネギやネギなどは犬猫の血液を破壊する成分があり、チョコレートはカカオの苦味成分が中枢神経に作用して中毒症状を引き起こします。初心者の飼い主さんは理解していない人が多い。

しっかり繰り返して地域に伝えていくように行政も広報しなければなりません」

犬や猫は汗の分泌腺が足裏に限られ、人間のように全身で汗をかいて余分な塩類を体外に排出できない。塩分は犬猫にも確かに必要だが、ご飯に味噌汁をかけた汁かけ飯を与えていると塩分摂取が多くなり、高血圧を招き、心臓や腎臓に負担をかける。

「人間でも塩分過多が高血圧の要因となりますが、ペットフードが流通する前は、汁かけ飯で寿命を縮めていた犬猫も多かったでしょうね」

教授の解説に、なるほど、と孝は思った。汁かけ飯は犬の体によくないと祖父が言い出して、ドッグフードを与えるようになった。本や新聞などで学んだのだろう。

この講義後、嘆いているクラスメイトがいたことが、孝には忘れられない。

「ウチの犬なんてさ、すき焼きの汁が染みたご飯が大好きだったよ。犬も味がわかるんだなあって感心して、すき焼きの残りをご飯の上にかけて食わせていたけれど、タマネギやネギも一緒に入っていたんだから、今にして思えば、わが家も無知だった。犬の寿命を確実に縮めた。可哀そうなことをした」

専門課程に入ってからの校外実習は、県立動物園で飼育員として働く卒業生の仕事を手伝ってみる、県内に4つの支所を持つ県食肉衛生検査所の本部を訪問見学する、犬や猫の小動物を中心に診療する動物病院に一日滞在して開業獣医師の仕事を見学するなど、バラエティに富んでいた。

(獣医師の仕事は、ペットなどの小動物を診るか、家畜や動物園などの大型動物を診るか、となる。どっちの獣医師になるにしても、卒業後、自分は公務員獣医師が無難なのかもしれないな。県立動物園あたりに勤務して、動物の健康管理をするとか)

そんな孝の考えも、元号が平成と変わった1989(平成元)年、専門課程2年目の4年次に進級して一変する。英語では「ズーノーシス(Zoonosis)」という人獣共通感染症の講義がきっかけだった。

講義の初日、教授が黒板に大きく「Rabies　狂犬病」と書いた。レイビーズと読むという。

狂犬病は、韓国、中国を含む周辺のアジア諸国はもとより、北米大陸を含め広く世界で発生しており、WHOは年間少なくとも5万人の死亡者がいると推定している、と教授は講義の冒頭で述べてからことわった。

「百聞は一見にしかずと言います。まずはビデオを見てもらいます」

画面右上にインドと表示され、病室とおぼしきベッドに手足を縛りつけられた大人の女性が、大声を出しながら跳ね上がるようにして激しく暴れる姿が映し出された。

教室が一斉にどよめく。

続いてインドネシア。ベッドに手足を縛りつけられた少年が同じように激しく暴れ、叫び続けている。

フィリピンの映像では、ベッド上で激しく暴れた青年が拘束を解いて、叫び声を発したままベッドをひっくり返し、窓ガラスを拳で叩き割る。その時、先端がY字型になった2メートルほどの刺股《さすまた》を手にした病院のスタッフが駆けつけ、取り押さえる顚末《てんまつ》が記録されていた。

「学生の教育のために、と獣医師学会から配布されたビデオです。狂犬病は、発症すれば、現代医学の力をもってしても、死亡率はほぼ100パーセントです。Rabiesとは、暴力を振るう、怒り狂う、を意味するラテン語が由来です。おわかり頂けたでしょう」

異常行動を示し、攻撃的になるのは、中枢神経がウイルスで侵されるためで、最後は呼吸麻痺《まひ》で死に至るという。

「病院に収容されましたが、ご家族は回復を期待しているわけではありません。狂犬病患者の看護は家庭では不可能なためです。ビデオの中の患者さんは全員亡くなりました」

ビデオの中の刺股が、小学生のときに見た、保健所職員の持つ「輪っぱ」と重なった。

教授は各地の感染源動物の資料を配布した。

アジア……犬、猫
北米……犬、猫、コウモリ、キツネ、アライグマ、スカンク、コヨーテ
中南米……犬、猫、コウモリ
ヨーロッパ……犬、猫、コウモリ、キツネ
オーストラリア……コウモリ
アフリカ……犬、猫、キツネ、コウモリ、マングース、ジャッカル
中近東……犬、猫、オオカミ、キツネ

（猫も媒介するのか！　犬だけではないのか！）

野犬にさえ咬まれなければ狂犬病にならない、と孝は思っていた。牛、豚、馬、めん羊、山羊、豚など、ほぼすべての哺乳動物に感染する可能性はあるという。

「狂犬病ウイルスは、感染源となる動物の唾液や分泌物に含まれています。眼や鼻、口唇等の粘膜、皮膚の傷口から侵入します。咬まれるだけでなく、傷口をなめられても、唾液で感染するとされています。血液には入らず、中枢神経に沿って脳神経に向かうのがウイルスの特徴で、だからこそ、恐ろしい。このウイルスは乾燥や熱、アルコール消毒には弱く、直ぐに毒性は失われますが、体内に入ったらそれこそ無敵、大暴れするのです」

教授は世界地図のスライドを映した。地域別に赤、緑、白で色分けされている。朝鮮半島、中国を含むユーラシア大陸は赤、南北アメリカ大陸、アフリカ大陸も赤、緑はヨーロッパ諸国とオーストラリア大陸ぐらい、白は日本列島、スカンジナビア半島、ニュージーランド、パプアニューギニアなど太平州に浮かぶ島々ぐらいだ。

「赤と緑は狂犬病が見られる地域ですが、感染源に差異が見られることで分類されています。赤の地域は主に、犬に咬まれることで感染が起こりますが、緑の地域では、吸血性のコウモリに咬まれて狂犬病の発病が見られる地域です。白は狂犬病が現在はない清浄国です。大洋州の多くの島々は狂犬病の心配はないとされてはいますが、放し飼いの犬が多い、と報告されており、注意が必要です」

なぜコウモリなのか。

「リッサウイルスというコウモリ由来のウイルスが、狂犬病ウイルスとよく似ているからなのです。狂犬病類似ウイルスというものです。コウモリは狂犬病ウイルスも、リッサウイルスも有するので、非常に強い感染源になります」

狂犬病ウイルスが人間の体内に侵入しても、すぐに発症するのではなく、1カ月から3カ月の潜伏期間がある。半年、1年の例もあるらしい。この潜伏期間の間に中枢神経が侵されていくのだ。発熱、悪寒、頭痛などが発症したら、もはや有効な治療もなく、ほぼ1

00パーセントの割合で死に至る。

「皆さんは海外旅行への関心も高いでしょうが、今後は海外旅行をはじめ外国に滞在中、動物を素手で触るのは命取りと認識して下さい。中でも、犬が主たる感染動物であることは忘れないで下さい。ここまでで何か質問はありますか」

孝は衝動的に挙手した。

「先生、狂犬病患者が人や動物に咬みついた場合も感染は成立するのでしょうか」

教授はこの質問を予想していたのか、慌てることもなく答えた。

「理論上は成立するのですが、これまでのところは報告されていないというのが、学会での知見です。あり得ない話ではない、と警戒は必要でしょうね」

(病院もない僻地《へきち》では、患者が発生したら木にくくりつけるのだろうか。発狂して村から消えてしまい、崖などから落ちて死んだりする例も相当数あるのではないか)

ひとつの疑問が解決すると、次の疑問が湧く。孝が想像する中、教授は狂犬病ウイルスに冒された犬のスライドを3枚、スクリーンに映した。

講義室は再び、どよめく。

(獣《けもの》じゃないか!)

小型犬とわかる大きさでも、愛らしい表情は皆無だった。両眼は吊り上がって血走り、犬歯をむき出しにして、強毒のウイルスを含んだ涎《よだれ》を垂らしつつ威嚇する姿には、これが狂犬と訳されたゆえんか、と納得もする。

ペロと散歩中に見かけた野犬を思い出した。この狂犬病を発症した犬の眼に比べたら、なんと穏やかであったか――。

「もう一度、ビデオを見てもらいます。次のような症状も狂犬病の典型例なのです。ともにインドでの症例です」

教授はビデオテープを入れ換えた。

男性患者が、ベッド上で半身を起こしている。状態が落ち着いているのか、拘束はされていない。水を入れたコップを差し出すと、とたんに顔が引きつり、ベッドから飛び降りて、ベッドの下にもぐり込んでしまった。

続けて、同じく拘束されていない女性患者に、大型の扇風機で風を送ると、大声を上げてベッドから落ち、床の上を転げ回った。

「発病によって神経が麻痺している中で見られる症状です。水を見て驚く、風に驚くのは反射的に首の筋肉が痙攣《けいれん》を起こすからです。資料にも書いておきましたが、それぞれ恐水症、恐風症というものです。また、室内の明るさ、光に対しても恐怖心を抱きます。患者のいる室内は暗めにしておかねばなりません」

講義室は静まりかえっている。

「喉が渇いても水を見ることすら拒むのはなぜなのか。具体的に言いますと、飲食物を飲み下す嚥下《えんげ》に障害が起きて、水を飲むたびに気管に水が入り、窒息しそうな激痛を繰り返すのです。そのため、水を見ただけで痙攣発作を起こす。恐水症の名称があるわけです」

これらの症状は、人間のみならず、犬、猫はじめ動物にも共通する症状であるらしい。

発症したらほぼ100パーセント助からないが、幸いにも、潜伏期間のあいだは命が救われるチャンスはあるという。人間における治療はどうすればいいのか。

「海外で狂犬病ウイルス保有可能な動物の攻撃を受けたら、医療機関ですぐに狂犬病ワクチンを投与して下さい。予防的にワクチン投与はしていても、追加のワクチン投与が必要ですから、急いで現地の病院で治療を受けて下さい。満足な治療ができなければ、急いで帰国して、本大学の医学部附属病院なり、しかるべき病院で治療を受けて下さい」

海外で動物の接触は命取りと認識せよ、という教授の説明は明快だった。

予防としてワクチンを接種して免疫を獲得しておくことを「暴露前免疫」、接種していない状態で攻撃を受けた後、ワクチンを接種して免疫を獲得する場合を「暴露後免疫」というそうだ。ウイルスにさらされることを暴露と呼ぶのだ。

「狂犬病の発生国に行く場合は、あらかじめワクチンを接種して免疫を獲得しておくことが推奨されています。ただし、本県でも本大学の医学部附属病院をはじめ限られた病院のみで予約が必要です。どの開業医でも行えるわけではありません。さらに免疫を獲得するには3回の接種が必要です。健康保険の適用外ですので1回につき、1万円以上します」

配布資料には接種スケジュールの見本として、2回目は4週間後、3回目は1回目の接種から半年から1年以内に行うとあった。3回の接種で約2年間の免疫が獲得できるが、以後は少なくとも3年に1回の追加接種で免疫を維持することになるという。

ただし、そうやって免疫を維持していても、狂犬病を持つ動物に攻撃されたら、さらに2回の追加接種が必要になる。その場合、3日後に2回目の接種を行う。

「暴露前接種を受けていない人が狂犬病を持つ動物に攻撃された場合には、狂犬病ワクチンは5回接種しなければなりません。配布資料にありますように、1回目の接種から数えてそれぞれ、3日、7日、14日、28日のスケジュールとなります。なんとか発症を抑え込むように免疫の獲得を目指すのです」

日本ですら高額なワクチン代である。

(国内で予防をしようにもためらう金額だ。しかも面倒くさい。途上国の貧しい人々にとっては、医療機関がない地域も多いはず。暴露前はおろか、暴露後もワクチン接種をできかねるだろう。諦めてしまうのだろう)

スライドで見た赤い国々に対して孝が考える中、教授は改めて資料を見るように促す。

「わが国では1950年、昭和25年に狂犬病予防法が施行されて、犬の飼い主には愛犬に対する年に1回の狂犬病予防接種が義務づけられました。一方で、狂犬病の温床になる犬の増加を防ぐため、自治体の保健所が野犬狩りを行いました。捕獲した犬を収容施設に入れて、殺処分したのです。そのような対策をした結果、日本国内では、1956年を最後に人間も犬も感染例がありません。WHOは日本を狂犬病の清浄国に認定しています」

孝が「殺処分」という行政用語を知った瞬間でもあった。

同時に、中学生の頃の「天然痘の世界根絶宣言」を思い出した。1980（昭和55）年5月、WHOが宣言を発表し、テレビや新聞が大々的に報じていた。「天然痘は人間のみに感染する病気だから、根絶が成し得られた」という解説が記憶に残っている。天然痘が動物を媒介するウイルスによるものだったら、人間はその動物を掃討しなければならなかったか、あるいは狂犬病予防接種のように動物用の種痘を開発せねばならなかったか、と考えさせられたのだ。

「私たちは、猫の狂犬病と聞いてもなじみがありませんが、アメリカでは猫への予防接種も推奨されています。日本では犬にだけ有効性の試験を行っているので、法的には犬にしか使えませんが、肉食獣であれば効果に問題はないとされています。次は――」

教授は、一枚の外国切手をスクリーンに映した。左上に１９８５と記され、椅子に腰かけた青年と、治療を施す医師、それを見守る背広姿の男性と３人の姿が絵柄になっている。

「フランスで１９８５年に発行された切手です。ルイ・パスツールが狂犬病ワクチンを開発して、ヒトへの接種を始めてから１００年、その記念切手ですね。１８８５年は日本では明治18年、伊藤博文が初代首相に就任した年です」

パスツールは医師ではなく、科学者であり、切手の中で、医師と青年を見守る背広姿の男性がパスツールだ、と教授は触れてから言った。

「動物実験では成功していたものの、パスツールはヒトへの接種を躊躇《ちゅうちょ》していました。人体実験への非難を恐れたのですね。しかし、あるとき、狂犬病に感染した犬に咬まれた息子を伴い、訪ねてきた母親の強い願いで、接種に踏み切ったのです」

結果、ワクチンは発症を抑え、青年は救われた。パスツールはヒトへの接種を開始する。朗報は国境を超えて、多くの人々が押し寄せた。フランス科学アカデミーは１８８８（明治21）年、狂犬病のワクチン製造と治療を行う専門施設をパリに創設した。これが世界屈指の細菌・ウイルス研究所「パスツール研究所」の始まりであるとも教授は説明した。

「切手の中で描かれている、一人の青年が現れなかったら、狂犬病ワクチンは現在のように普及していなかったもしれませんね。歴史はこうして作られるのか、と教えられます。

当時のワクチンはヒト用のみであったようですが、現在はヒト用、肉食獣用と分かれています。ヒト用のワクチンも、近い将来は改良され、免疫獲得期間も短縮されるでしょう」

感慨深く話す教授の言葉に、孝も共感した。授業も終わりに差し掛かった。

「ここには将来、保健所などで狂犬病予防に携わる公衆衛生獣医師になる方もいるでしょう。わが国は狂犬病の清浄国とはいえ、それは公衆衛生獣医師の不断の努力によって維持されているものです。今は獣医学部の学生として、卒業後は獣医師の立場から、どうか、狂犬病の恐ろしさを人々に伝えて下さい」

公衆衛生獣医師という言葉も知った。孝の中で引っ掛かるものがあった。

(自分が生まれ育ったこの地で、野犬狩りされた犬は、どこで殺処分されていたのか)

孝は教授の研究室を訪ねた。

「君は県動物保護管理センターを知っているかね」

その所在地も教授は言うが、孝は首を捻るしかない。

「施設の見学をすればいいよ。狂犬病予防法も読んでおくように」

狂犬病に興味を持ったことに手応えを感じたらしく、施設の所長に取り次いでくれた。

孝はそこで、もう一つの殺処分である、飼い主に見捨てられた「元ペットの殺処分」を知る。

10

「昭和49（1974）年建立」

県動物保護管理センターの一角にある動物供養塔にはそう刻まれていた。

恰幅《かっぷく》のよい所長に案内されて平屋建ての建物に入った。緑色の鉄柵越しに、10畳ほどの広さの同じ仕様の檻が6つ並んでいた。視覚よりも先に糞尿の臭いが鼻をつく。

鉄柵と檻のあいだには人が通れる幅の廊下がある。檻の中で作業するには、鉄柵に設えられた扉を開けて、廊下に入ってから、檻の扉を開けることが想像できた。

檻には中型犬以上の犬がひしめいていた。その1つは空になっている。

犬種はさまざまだが、どの犬も汚れていて、檻につかまり立ちをしながら、孝に向かって「ギャン、ギャン」「グワッ、グワッ」と叫んだ。聞き慣れている「ワン、ワン」「キャン、キャン」声ではない。聞いたことのない犬の声音と、糞尿の臭いに孝は圧倒された。

「驚かれたでしょう」

所長が問う。

「檻は成犬室と呼んでいます。1から6まであります。犬がいない檻があったでしょう。

これは後で説明しますね」

「成犬室」の向かいには、コンクリートの廊下を挟んで、8畳ほどの「子犬室」と「猫室」がそれぞれあった。こちらは小型の檻がいくつもあり、子犬、猫が入れられていた。のぞきこむと、彼らも糞尿と汚れにまみれている。

所長室に案内された孝は、動物保護管理センターの沿革についてレクチャーを受けた。動物保護管理センターは県動物管理所に代わるもので、1974(昭和49)年4月に落成したとのことだった。先ほど目にした動物供養塔の建立年と結びついて、合点がいく。

動物管理所は狂犬病予防法の施行を受け、1951(昭和26)年度が始まる同年4月に開設された。動物管理所から動物保護管理センターと改称されたのは、動物保護管理法こと「動物の保護及び管理に関する法律」が1973(昭和48)年10月1日に施行されたからだ。

各都道府県は法律に則した体制の確保と施設の整備を迫られ、本県では従来の建物の横に、この平屋を新築したという。

「犬がこの施設にいるのは狂犬病予防法のため、とわかりますが、どうして猫がいるのでしょうか」

素朴な疑問をぶつけた。狂犬病予防法では、猫は感染源動物と規定されていないからだ。

「狂犬病予防法とは別に、動物保護管理法が犬猫の『引取り』を認めているからです。しかも、『引取り』は無料で、こちらの収容にも限界がある」

「引取り」は殺処分の措置も講じるもの——と所長は詳しく話した。

狂犬病予防法に基づく殺処分しか知らない孝は、元ペットの犬猫が動物保護管理法に基づいて殺処分されていることを初めて知ったのだった。

「狂犬病予防法のみに基づく、ここが動物管理所だった時代は、収容した野犬を丸太や鉄パイプで殴り殺していましたよ」

所長は話した上で、次のように続けた。

「現在は祝日と土日以外の月曜日から金曜日の5日間は、毎日、狂犬病予防法と動物保護管理法に基づいた犬猫の殺処分を行っています」

(えっ、毎日。どのように)

孝には想像もできなかった。

「丸太や鉄パイプで殴り殺しているんですか」

「いえいえ、動物保護管理法に沿って行っています。動物保護管理法では、こちらの資料のように、次のように定められています。これは狂犬病予防法で捕獲されて、当センターに収容された犬にも当てはまることです」

《動物を殺さなければならない場合には、できる限りその動物に苦痛を与えない方法によってしなければならない。》

「殴り殺すことは苦痛を与えていた、という反省にも読めてしまいますが」

「その通りです。それに職員の安全も考えなければならなくなった。誰が発案したのかわかりませんが、《できる限りその動物に苦痛を与えない方法》として開発されて、全国で採用されているのが炭酸ガスドリーム装置、通称、『ドリームボックス』です。箱型の機械に犬猫を入れて、狂犬病予防員の資格を持つ獣医師が炭酸ガス、つまり二酸化炭素を入れていくのです」

（夢見るように、ということか）

言葉に詰まってしまった。

「驚かれましたか」

所長が孝の目をみつめて言う。

「どうやって、犬や猫を入れるのでしょうか」

所長は用意していたセンターの見取り図を取り出した。

「ご覧になったかと思いますが、6つの成犬室のうち1つに犬が入っていませんでしたね。6番目の成犬室を『成犬室6』または『追込室』と呼んでいます。殺処分当日、成犬室5

から犬を出して廊下を歩かせて成犬室6に追い込みます。殺処分後、成犬室5を清掃して、成犬室4の犬を成犬室5に、順繰りに移すわけです」

見取り図の成犬室6を指で示す。その先に、自動追込装置と書かれた廊下のようなものがあり、炭酸ガスドリーム装置と、焼却炉があった。

「今朝もやった作業です。職員が『追込室』に犬たちを移動させると、炭酸ガスドリーム装置に向かうかっこうで奥から壁が迫ってきます。犬たちはまさに追い込まれて、ドリームボックスに入んなきゃならない、というわけです。押し込み壁というのでしょうか、プッシュと現場では言っています」

「猫はどのように」

「猫は、動物捕獲器という持ち運びができる金属製の檻に詰め込んで、犬を入れる前にドリームボックスに運び込みます。ぎゅうぎゅう詰めのときもあります。犬と猫、一緒に殺処分をしています。本来は別々に処分してあげるべきですが」

「その、作業をされる皆さんは……」

孝は、ここでも言葉に詰まってしまった。

「みんな動物が好きで獣医師に、公務員獣医師になった職員ばかりですよ」

それでも、法律に基づく行政サービスとして、殺処分も行わざるを得ない。

所長は孝に資料を渡した。全国の犬猫の殺処分数の統計の推移が書かれている。1974（昭和49）年度は犬が約115万9千匹、猫が6万3千匹で計約122万1千匹、1984（昭和59）年度は犬が約86万9千匹、猫が24万4千匹の計約111万4千匹だった。

「統計の発表には時間もかかるのですが、全国で犬猫の殺処分数が100万匹を切った、という話はまだ私らの耳には入ってきません。この施設だけでも昨年度、1日90匹前後、犬猫合わせて1年間で約2万2千匹、殺処分した。今年度も似たようなものでしょう」

「この施設があるのは、なによりも、公衆衛生のため、県民の健康を守り、人と動物がよい関係でいられるためですか」

「ええ、不妊去勢手術をせず、ペットの本能や習性、生理など、わかっていない飼い主さんも多い。県の広報不足と指摘されたら返す言葉もないのですが、どのようにすれば改善ができるのか、田辺さん、あなたにも考えて頂ければ……」

衝撃も受けたが、冷静になるにつれて、孝の気持ちが固まった。大学に戻ると、孝は見学をすすめた教授の研究室に行った。

「先生、僕は犬猫の殺処分を減らせるよう、公衆衛生獣医師になります。狂犬病予防の最前線に立って、飼い主とペットのよい関係を築ける立場になりたいと思います」

ペロとの出会いから獣医学部への進学を考え、運よく現役で合格したが、これまで目指すべき獣医師像は描けていなかった。自分の中で一本、芯が通ったように思えた。後に思えば、直情径行にも見えるが、動物愛護管理センターの所長になった現在も、考えていることはさほど変わらないように思える。

県の公務員採用試験は、獣医学部卒業見込みで獣医師国家試験の受験前であった。孝は願書、作文、面接では教授の前で宣誓した旨を訴えた。公平公正の公務員試験であるが、採用する側としても、「県民の公衆衛生を維持するためにも、自分は動物保護管理センターの現場で働きたい」と希望しているのだから、ありがたいはずだった。

獣医師国家試験に臨むまでに、孝は「卒業後の活動のために」と大学の医学部附属病院で狂犬病ワクチンの接種を3回行い、暴露前免疫を獲得した。1回ごとに医師が接種日時を接種証明書に書き込んでいった。医師の署名入りで、大学病院の刻印もつけられている。

物々しいが、狂犬病が発生している国に渡航する場合、日本語、英語で表記されている接種証明書を携帯するのが賢明だからだ。万一、ウイルスを保有する可能性がある動物の攻撃を受けた場合、現地の医療機関で接種証明書を提出すれば、医師も治療を円滑に進めることができる。パスポートに挟んでおかねばならない。

(動物保護管理センターや保健所に勤務する職員は、みんな接種しているのだろうな。公費か自費かはわからないけれど)

孝は疑わなかった。

1カ月の県庁公務員の研修を経て、県動物保護管理センター勤務が始まったのは199２（平成４）年5月だった。見学時、対応をしてくれた所長は既に定年退職していた。

世の中はバブルの崩壊で、「金銭的な豊かさよりも心の豊かさ」という風潮になっていた。欧米諸国では、犬や猫がコンパニオン・アニマル（伴侶動物）と呼ばれるようになり、健康弱者や高齢者が犬猫と触れ合うことで心身の向上が確認され、アニマル・アシステッド・セラピー（動物を介した人の健康づくり）も、日本に紹介されるようになっていた。日本のペットブームは三世代同居の大家族、核家族だけでなく、一人暮らしの男女にも、世代を問わず多様化し、かつてないほど、ペットと社会の距離が縮まった。

孝は県動物保護管理センター勤務を志した初心を確認した。

（飼育する人の健康管理への意識と関心が高まれば、動物の習性、行動を理解してしつけをする、誰もが模範的な飼い主になって犬も猫も幸せになれる。そのための情報提供を行っていこう。狂犬病の発生を防ぎ、狂犬病の恐ろしさも県民に伝えていかねば）

孝が県動物保護管理センターに入所当日、施設を一巡りしていると、焼却炉近くにボクシング用のサンドバッグが吊《つ》り下がり、側《そば》の台に赤色のボクシンググローブ、大小複数の軍手が置いてあることに気づいた。サンドバッグの素材は黒地の合成皮革のようだが、使い込まれ、白っちゃけている。グローブは紐で結ぶものではなく、手首がゴムバンド式で着脱が容易となっているが、サンドバッグに当たる拳の部分は白くなり、劣化している。左右のグローブの内側には「14OZ」（註・14OZ《オンス》は396グラム）と刻印されていた。

「なんで、こんなものが」

「すぐにわかる。これは10年以上前に、職員の誰かが個人的に持ち込んだものさ」

苦笑いをした先輩職員に、狂犬病予防ワクチンを接種しているか聞いた。当然、接種しているものと思っていたのだ。ところが所長も含めて接種している者はいなかった。

「日本では長らく狂犬病は発生していないからね」

ワクチンを接種しているという孝の心掛けに驚いた先輩職員が、公衆衛生獣医師としての「覚悟を物語るもの」として業務日誌に記して、県庁にも報告されたと、後に孝は所長から聞かされた。

先輩獣医師がドリームボックスに犬猫を収容し、炭酸ガスのバルブを全開にする。バルブを開閉できるのは狂犬病予防員の立場である公衆衛生獣医師だけだ。本来は動物の命を救うべき獣医師が、法に基づくとはいえ、健康で幼齢の犬猫たちまで殺処分しなければならない。

「田辺、来年はお前さんもバルブの開閉を行うことになるからな」

先輩獣医師が言う。

炭酸ガスがドリームボックスに注入されてゆく。犬猫の声が次第に小さくなり、聞こえなくなる。ボックス内を確認する丸窓は、呼吸による水蒸気で少し曇っているが、犬猫が仰向けで横たわっているのが確認できる。

その状態となってバルブを閉じる。ドリームボックスを開けるのは、呼吸に伴う水蒸気が徐々に小さくなり、完全に消えてからだ。呼吸の完全停止を確認してから、扉を開け、犬猫の死体をクレーンで焼却炉に移動させる。

季節を問わず、作業場の窓が全開になっていることを確認し、業務用大型扇風機を首振りでフル回転させて炭酸ガスを拡散させる。業務用大型扇風機は、ドリームボックスの周囲にも複数ある。拡散させないと、職員がガスを吸い込む危険があるのだ。

焼却炉に死体を入れ、狂犬病予防技術員の職員が、先端がT字形をした長さ2メートルほどの鉄棒を炉の中に入れ、火の通りをよくするため、死体と死体の間隔を整える。

獣医師の資格を持たない、狂犬病予防技術員という肩書の職員がいることも、入所してから知ったことだ。毎日の犬猫の「引取り」、収容、殺処分後の死体の処理など、補佐的な業務を行っている。

殺処分と焼却に関わった職員が着火前に焼却炉の前に揃う。焼却炉の前には線香台があり、線香が炊かれる中、1分ほど、全員で合掌する。

（南無阿弥陀仏、南無阿弥陀仏……）

孝は心の中で唱えた。田辺家の宗派は浄土宗なので、盆や法事の際、「南無阿弥陀仏と念仏を唱えれば、死後は誰でも極楽浄土に往生できる、と法然上人は説かれました」という住職の説法を、子どもの頃から何度も聞かされていた。

（捨てられた犬猫であっても、自分が南無阿弥陀仏と唱えることで、彼ら彼女らの魂が少しでも浮かばれたら……）

すがるような思いで祈り続けた。

収容される犬猫には、明らかに血統書付きでしかるべき金額を払い、ペットショップやブリーダーから購入したのであろう、と思われるもの、売れ残りでブリーダーが「引取り」を依頼したのか、と思われるものも少なくない。

ラブラドール・レトリーバー、ダルメシアンなどの大型犬や中型犬、パグ、マルチーズなどの小型室内犬が、大きさや犬種にかかわらず、収容日ごとに分けられて、成犬室に収容されていた。檻越しに見る彼らの目には鉄柵の緑色が瞳に反射しているが、目そのものには「助けて！」という叫びの色が表れていた。つかまり立ちで鉄柵に爪がかかるためだろう、塗装が所どころ、剝《は》がれている。

(この子たちは、飼い主と暮らした楽しい時間を絶対に忘れていないはず。今、自分たちがどこにいて、これからどうなるか、仲間との会話ではっきり悟っているのだろう)

こうした犬猫の姿を、孝はこれから直視していかねばならないのだ。

「飼ってみたけれど、ウンチもするし、病気にでもなれば、手間暇もお金もかかる。大きくなって可愛くなくなったとか。とにかく、ここで働いていれば、いろんな飼い主と出会うよ。人間のエゴがはっきり見える」

「まあ、終生飼養を放棄する飼い主と接するのが仕事だな。こんなところだとは思わなかった、と言い残して辞めちゃった獣医師がいることを一応、伝えておく」

「家に帰ったら酒でも飲んでなきゃ、精神的にも持たねえけれど、翌日の勤務に影響しないようにな」

先輩獣医師たちが、孝に教えてくれる。

「ただし、壁やドアを叩いたり、ロッカーを蹴ったりはするなよ。サンドバッグはそのためにあるんだからな。むかつくことがあったら、軍手をつけて、グローブをはめてサンドバッグにパンチを叩き込め。1分間、パンチを打ち続けるのも楽じゃないけど、怒りも収まるから。素手で打ったら指や手首の骨を折りかねないし、実際、折った奴もいる。必ず軍手をつけてから、グローブをはめろ。軍手は拳を守るバンデージ代わりだ。いいな」

どれだけこちらに、模範的な飼い主になってもらいたいという情熱があっても、その意識が飼い主になければ難しい。

センター入りして10日目のこと、未就学児とおぼしき女の子を連れた女性が生まれて間もない子犬を3匹、ポテトチップスと印刷された段ボール箱に入れて窓口に現れた。たまたま、事務室にいた孝は「引取り」と判断し、「引取り」用の同意書を取り出して、記入するように促した。

「この3匹と交換ね」

女性は書類には目もくれずに言う。

「交換とは」

「色々な犬がここにはいてさ、可愛いワンちゃんもたくさんいる、と聞いたから。この3匹はいらないから、可愛いワンちゃんと交換してよ」

しゃくに障ったが、それでも咄嗟《とっさ》に、言葉が出た。

「可愛いワンちゃんなら、お手元にいるじゃないですか」

「雑種だから」

「と言われましても」

ここで先輩獣医師が事務室に入ってきた。廊下でやりとりを見ていたのか、孝に代わり、交換は無理であること、持参された犬は「引取り」でよいか、「引取り」の場合は原則として翌日に殺処分とすることを柔らかな口調で説明した。

「交換はダメだって」

女性は子どもに言って、あっさりと「引取り」に承諾し、同意書を提出した。身分証明書を確認し、捺印も必要だが、ハンコの所持がなく、拇印《ぼいん》を押させた。

(ここに来るまで親子でどういう会話をしていたのか)

孝は初めてサンドバッグを叩いた。

11

午前中に犬猫の殺処分を行い、午後は、県内各地の保健所から犬猫が運ばれてくる。各保健所で公示期間は過ぎていることから殺処分の対象でもあるが、外見から皮膚病や体調が思わしくない場合は、隔離の措置を取り、経過観察を行うことも少なくない。狂犬病に感染した犬がもしいたら、という警戒も働くからだ。

犬猫の「引取り」は午前も午後も問わず、受付に応じている。

「もう飼育できない」「病気が治る見込みがない」「老いてゆく姿をこれ以上、見るに忍びない」と、さまざまな理由で持ち込まれた犬猫のうち、犬は成犬室5に入れられる。成犬室5は、捕獲され、「返還」の申し出がなければ、翌日に殺処分となる犬たちが入る部屋でもある。

殺処分が日々行われることを、覚悟して公衆衛生獣医師になった孝とはいえ、入所して初めて知ったのは「死体引取り」である。

費用のかからない、ペットの「死体引取り」業務も県条例に定められていたのだ。ペットが死んでもむやみに捨てないよう、公衆衛生を守る上での仕事だった。

焼却炉は2つあり、そのうちの1つは「死体引取り」用のものだ。持参された死体はそのまま焼却炉に運ばれ、数が集まったところで焼却される。年間平均、犬猫合わせて1千匹にもなるという。

「自分んちの庭や畑に埋めるのがあたりまえ、と思っていたんです。なんでこんなに、たくさん死体が持ち込まれるんですか」

孝は先輩に聞いた。

「ああ、いまは庭のない、アパートやマンション暮らしも多いからな」

「あ、そうか」

庭付きの家でペロを飼い、死体を庭に埋めた経験だけで、ものを考えていた。

「笑うに笑えない話もある。もう飼えないからって、殺処分を依頼する無責任な飼い主の多さに『自分の手で殺して、自分の家の庭に埋めろよ！』って独り言を言った職員がいた。それをたまたま聞いていた同僚が『庭のない家も多いけれど』って」

孝としても笑えない。

「まあ、死体を野外に捨てたら廃棄物投棄で犯罪扱いになるって、理解しているとは思えないけど、ここに運んでもらう方が安心感はあるね」

「安心感とは」

「もしも、狂犬病ウイルスを持つ死体を野犬や野生動物が食べたら、どうなるか……そんなことも、考えなければならないってことさ」

孝はあらためて初心を顧みるのだった。

動物管理センターに勤務して2年目、1993年度も前年度と同じく、犬猫の殺処分数は約1万9千匹だった。飼い主の「返還」希望が少ないのは、収容数がとにかく多いから、とも言えた。

不妊去勢手術の啓発も必要だが、誰もが、連日の殺処分で手一杯だった。一日に犬猫合わせて約80匹前後、ドリームボックスに送り込む日常。まだ譲渡会が開催されていない時代であり、譲渡は個人の希望があれば応じる程度であった。

役所、公務員の仕事はとかく「親方日の丸」と批判されるが、動物保護管理センターの現場は、日常業務をこなすだけでも精一杯で、このまま「前例踏襲」を続ければ、逼迫《ひっぱく》してゆくことは明白だった。それは本県のみならず、各都道府県も状況は酷似している。

子犬、子猫の譲渡希望者を対象としたしつけ方、飼い方、飼養する上での法律をはじめ社会的責任などを教える譲渡講習会も含めた譲渡会を、毎週行うというのはどうか、という意見が、会議に上がった。孝も賛成だった。しかし、

「ペットショップやブリーダーからクレームが来ないでしょうか」

「県の施設が無料で子犬、子猫をあげていると言われたら、どなたが責任を取ることになるのでしょうか」

不安視する声も上がった。

「現状の打開策、改善策は子犬、子猫の譲渡会の開催しかあるまい。やってみよう」

衆議は一決したが、今度は譲渡会に出す犬猫のうち、不妊去勢手術が施されていないものについて議論は二分化された。

「当センターの獣医師の手で不妊去勢手術を行うべきでは」

「県の獣医師会、市町村の開業獣医師との協力体制の構築のためにも、開業獣医師にとって数万円の収入となる不妊去勢手術は、当センターの獣医師が仕事の一環として行うべき

ものではないのでは」

孝は前者の考え方にも賛同できるが、後者の考え方が現実的では、と思えた。

犬猫とも不妊去勢手術は、体格や成長の具合いも見た上で生後6カ月以降に行われる。精巣の摘出手術は犬が約40分、猫は約30分、卵巣・子宮を摘出する不妊手術は終了まで犬が約1時間半、猫は約1時間、術後1週間で抜糸となる。

獣医師会との関係を損なうのは得策ではない、という結論が出て、譲渡会という新たな試みが始まった。

子犬は毎週水曜日、子猫は毎週木曜日、それぞれ午後の約1時間半、センターの会議室で譲渡講習会をまず行い、講習会の後、希望する犬猫を手渡す流れである。

約1時間半の譲渡講習会は、犬猫飼育の基本、及び飼育は動物保護管理法に則《のっと》り、同法には《保護動物を虐待し、又は遺棄した者は、3万円以下の罰金又は科料に処する。》と犬猫の遺棄、虐待を犯罪行為として罰則も定めていることを学ぶプログラムにした。

終生飼養の自信が持てなければ参加は見送ってほしい、という厳しい文言も加えた。譲渡後の犬猫は、不妊去勢手術が施されていないものについては不妊去勢手術を、犬は役場への登録、狂犬病予防接種が必要であることが、義務であると強調した。登録可能な犬は生後91日以上だから、譲渡会に出される犬は生後91日以上でなければならない。猫は登録する必要はないが、譲渡会では犬に合わせて生後91日以上にした。

1匹に希望者が集中した場合は抽選にするなど、細かいルールづくりもすすめた。

「7つのお願い」という文言を作成した。すべてが満たせたら、署名と印鑑を押してもらう。拘束力はないが、飼い主の社会的責任を促すものだ。

《譲渡を希望される方に7つのお願い》

1 家族の一員として迎えて頂き、看取るまで飼って頂けますか？
2 新たな家族を迎えるにあたって、ご家族は全員賛同していますか？
3 新たな家族と一緒に過ごせる住宅環境は十分ですか？
4 転勤や引っ越しの見込みがあっても一緒に連れてゆけるとお約束できますか？
5 日々の餌代、動物病院での医療費など経済的に余裕はありますか？
6 ご近所に迷惑を掛けずに飼えますか？
7 動物保護管理法や条令を理解し、地域社会で模範的な飼い主になる、と誓えますか？

始めてみなければ改善点も見えてこない。定期開催の譲渡会は1994（平成6）年度の年度開始の4月下旬から始まった。広報活動も孝の仕事のひとつになった。

インターネットはおろかパソコンも一般的ではない時代である。ワープロで作成したチラシをセンターのコピー機で相応の枚数コピーして県庁に持って行き、新聞社やテレビ局の記者がいる記者クラブに配布し、告知を依頼する、県の出先機関や公共施設に貼ってもらう、動物愛護週間の街頭キャンペーンでチラシ配りをするなど、思いつくかぎりのことを試みた。

9月20日からの「動物愛護週間」は例年、動物保護管理センターの動物供養塔での慰霊祭、県立動物園はじめ各地で「動物ふれあい教室」を開催している。ペットの虐待、遺棄は犯罪行為で、罰則もあること、飼い主に見放された犬猫のすべてが新たな飼い主に恵まれるとは限らず、動物保護管理センターで殺処分の憂き目に遭っていることも広報している。ただ、どれくらい関心を喚起できているのか、なかなか手応えがつかめない。

譲渡会の定期開催1年目は犬が約180匹、猫は約70匹、新たな飼い主に巡り合えた。

動物保護管理センターの会議室は、本来、職員の会議用のもので、20人も入れば満員になる。譲渡講習会では飼い主の家族も含めて30人近くが参加することもあった。

（建てたときは、犬猫の譲渡会なんて想定外だったろうな。譲渡会が軌道に乗ってゆくかわからないけれど、もし将来、建て直すことになったら、会議室の広さは、参加者が余裕

を持って座れるように、とお願いしたいものだ)

1995(平成7)年度の譲渡も初年度の1994年度並み、犬猫の殺処分数にも大きな変化は見られなかった。孝は不安になった。

(これから先、こんな調子で続いてゆくのかな)

捨て犬、捨て猫の数が減ることもないから殺処分の数も減らない。その原因は「飼うのに飽きたら捨てる」という飼い主の無責任に起因するものの、孝には、動物保護管理法が定める罰則規定が、殺傷も含め虐待及び遺棄に対しては3万円以下の罰金、とあまりにも軽いから抑止力になっていないのではないか、と思えてならなかった。本県では、犬の手足を縛って海中に投棄した遺棄に対し、簡易裁判所が略式命令によって罰金5千円としたものがあった。「3万円以下」といっても、3万円が常に適用されるわけではない。

罰則の存在自体、どの程度、周知されているのだろうか。譲渡講習会においても、罰則については伝えているが、初めて知る人が圧倒的だった。知っている、と答えたのは、かつて犬を終生飼養した経験がある人ぐらいだったからだ。

(法律が改正される可能性って、果たしてあるのだろうか)

ある、とすれば、犬猫の殺処分が社会的に大々的に取り上げられて、国民に関心と危機感が芽生えなくてはダメだろう。そもそも行政が行う仕事の中でも、殺処分の現場はタブー視される空気があり、マスメディアの報道も控えめに見える。法律に基づいて行政が行っているサービスであっても、「好き好んで犬猫を殺している」という誤解を与えかねないと心配するからか、と孝は感じる面があった。

加えて、孝は公務員のキャリアの中で「動物保護管理センターにだけは行きたくない」という公務員獣医師が少なくないことも知った。

理由は容易に想像がついた。「行きたくない」という、そんな彼らも、牛、豚、鶏を殺処分し、食肉処理をする「と畜場」の勤務には抵抗らしいものがない。「食用のために命を頂く」という殺処分は県経済を支え、学校給食も含めた食生活、食文化も支えている、とすんなり理解できるからだろう。「と畜」と、人間の無責任によって無駄死を強いられるペットの犬猫の殺処分は、同列視できるものではない、という話も小耳に入ってくる。

(食用動物と愛玩動物では受け取る側の印象が違う。それでも自分は狂犬病予防の最前線で、終生飼養を訴えていかねばいけない。罰則規定が強化されなければ、5年後、10年後、15年後も同様の状況を強いられるのか)

職場の中では口にはしないが、孝は出口のない迷路に迷い込んだ気もしてきた。

そんな日々の中で孝は、

(ドリームボックスに犬猫を投じて、炭酸ガスで呼吸を止めて殺し、焼却処分するならば、

食べてあげる方が彼らも浮かばれるのではないだろうか）

という考えを漠然と抱くようにもなった。

中国や東南アジアでは、犬や猫は食用、つまるところ、家畜であることを思い出したからでもある。獣医学部時代、日本語が堪能な中国人の留学生から「犬、猫はうまい」とも聞かされていたのだ。

中国は都市部であれ、地方であれ、生きた動物がそれこそ、犬や猫の哺乳類から、鳥類、爬虫類、両生類、魚介類が市場に揃い、日本人の感覚では「動物園か」と見まがうような光景である、と留学生は話してくれた。生きたままの鶏や鳩、カエルを利用客が買ってゆく姿もあれば、ヘビや各種の野生動物を、市場の従業員が注文に応じて生きたまますさばき、肉や内臓、皮とわけてゆく姿も日常的な風景らしい。

「一度は中国に行って、市場を見学してみたいですね」

「私が帰国したら、おいでください。ご案内しますよ。カエル肉の炒め物なんかは家庭でも普通に食べます。骨付き肉が香ばしくておいしいですよ。麺類に載せて食べることもあります。屋台なんかでは、カエルの串焼きや串揚げもありますよ」

こんな会話のやり取りをした。

「犬の肉は、調味料、香辛料で煮込みます。いったん焼いてから、ということもあるようです。家庭で食べるところもあるでしょうが、わが家は犬を食べるのなら、お店に行きます。高級料理というわけでもなく、手頃な値段です」

「大きさはどの程度の犬がおいしいのですか」

「子犬だとまだ肉がしまっていませんし、成犬になってしまうと肉は硬さを増します。子犬と成犬の中間が一番うまいですね」

「猫はどうですか」

「猫の肉は、そのままでは食べないですね。臭みもあり、調味料、香辛料もよく使わないと。それに、犬ほどの肉量もないですから」

「野菜で炒めるとか」

「それもあるでしょうが、私はヘビと煮込んだものぐらいでしか」

「ヘビと煮込むとは」

「私は日本に来てから刺し身を何度か頂きましたが、お祝いのときに赤い魚が出てくるじゃないですか、えー、何と言いましたかね」

「ああ、タイですか」

「そうそう、タイ。頭も尾もついたままですよね」

「ええ、姿造り、と言います」

「日本の姿造りのようなお祝い料理のように、中国では猫とヘビの肉を煮込んだものがあるんです」

「猫とヘビの煮込みがお祝いとは」

「中国で虎、龍は縁起のいい動物とされています。龍は実在しない動物ではありますが、中国が発明した世界に誇る想像上の動物、文化です」

「なるほど、そのお祝い料理は、猫を虎に、ヘビを龍にたとえているのですね」

龍虎闘、と留学生は書いた。

「ロンフータオと読みます。ヘビの肉と猫の肉を一緒に煮込んだもの、あるいは炒めた料理を意味します。両雄が揃い踏み、闘おうとしているさまを吉祥と考えているわけですよ。ただし、どちらが強い、という意味があるわけではありません」

孝は犬猫の肉を口にしたことは一度もない。食べてみたいか、と問われたら、前向きな気持ちにはなれない。自分にとって犬猫は家畜ではなく、ペットという愛玩動物の印象が強いからだが、姿造りの刺し身が日本の食文化ならば、香辛料を用いて臭みを最小限に抑えて食べる犬の肉も文化であるのは理解したい、と考える。

ただ、日本では現実的ではないからこそ、「食べてあげる方が功徳になるのではないか」と飛躍した論理にも行きつくように思えた。

犬猫の死体を毎日、焼却炉に入れているのを見ていると、このまま燃やして骨にするだけなら、殺処分後に県立動物園のライオンやトラ、ワニ、ニシキヘビなどの、餌にしてあげる方が功徳になるのではないか、とまで思うようになった。

動物園の肉食動物の餌は、県が契約を結んでいる食肉販売業者から馬肉や鶏肉を中心に購入している。暴論めくが、姿かたちのある犬猫を頭から尻尾まで食べることで狩猟の本能を満たしてやってもいいのでは、とも思えてきた。

（殺処分後に猛獣の餌にしても、責任は見放した飼い主にあるから、県民が県を批判することもできないはずだ。いや、仮にそうなったら、しっかりとペットの飼育について広報していない県の責任である、という批判が起こることになるのか。でも、ドリームボックスでの殺処分後に動物園の餌として与えてはいけない、とは動物保護管理法に書かれているわけではない。苦痛のない殺処分の後であれば何も問題はない、と言いわけもできるが、県民がやはり許さないか。県民だけでなく、国民感情を逆なですることにもなるか。それにしても、行政の仕事は難しい。でも、試してみる手はあるのではないか。話題になることで、犬猫の殺処分について初めて知る県民はいるはずだろうし）

勤務5年目となる1996（平成8）年度、孝は徘徊犬の保護、「引取り」に関して、殺処分となる犬種に傾向があることを実感していた。

マスメディアの報道では、1993（平成5）年から1995（平成7）年にかけて人気犬種の四天王はシベリアン・ハスキー、シー・ズー、ゴールデン・レトリーバー、ポメラニアンだったという。ペットショップ店頭での「衝動買い」による「衝動飼い」の反動なのか、これらの捕獲、「引取り」となる例が多くなってきたのだ。犬の寿命が15歳前後とされている中、2歳、3歳の犬もいる。

（ブームが一段落したら見放される、というわけか）

孝のこの実感は、

（成犬も譲渡対象とすべきではないか）

との思いを芽生えさせた。

（成犬だから、しっかりとしつけられていないものは矯正が難しいかもしれないが、しつけられているものは飼いやすいはず。彼らをこのままドリームボックスに送るのはあまりにも不憫。終生飼養の経験のある人なら、子犬でなくても、飼育を引き受けたい、と考えてくれるのではないか。広報のやり方次第で、飼い主が見つかるのではないか）

そのためにはどうすればいいか。

規模の大小はあるが、地域の動物愛護団体に協力を願うしかないのでは、と思えた。彼らとよい関係を築き、彼らが持つネットワークを通して、飼い主を見つけ、譲渡の選択肢を増やす方向が望ましいのではないか。

動物愛護団体のメンバーには、法律に則った行政サービスとはいえ、元気な犬猫の殺処分に対して感情的となり、動物保護管理センターに対して挑発的かつ侮辱的な発言を投げかけたこともあった。

しかし、殺処分に厳しい見解を示してきた動物愛護団体も、動物保護管理センターが子犬、子猫の譲渡会を定期的に開催するようになったことを評価し、彼らもその告知に協力を惜しまなくなっていた。

「子犬の譲渡会を成犬にも広げ、犬の譲渡会としたいのですが。私案としては……」

孝が会議で発案の理由も踏まえて述べると、職員たちは快諾した。

「成猫にも広げよう。猫の譲渡会にしよう」という意見も出て、それにも取り組むことにした。動物愛護団体との連絡係を孝が務め、軌道に乗せる覚悟を示したからでもある。

幸い、「動物保護管理センターは変わりつつある」と県内各地の動物愛護団体は好意的に受け止めていたことで、彼らのうちの何人かが新たな飼い主となってくれ、友人や知人に働きかけて新たな飼い主を見つけてくれたりもした。不倶戴天《ふぐたいてん》のムードが漂った時期もあったが、互いに話し合えば、協力しようという方向性は見つかるものだ。孝は学び、職員たちも孝の手腕を認めた。

ただ、孝も含め、職員は一喜一憂も味わう。譲渡会で犬や猫の新たな飼い主となったのに、「もう飼えない」と言って、動物保護管理センターを再び訪れ、「引取り」を依頼する者も現れたからである。

終生飼養を誓ったはずも、いざ飼い始めてみると、餌代、動物病院など、予想以上に費用がかかり、気軽に旅行にも行けず、近所とのトラブルが生じていた実態も明らかになった。不妊去勢手術をせず、産まれた子犬、子猫の「引取り」も見られた。

「プラマイゼロですね、これじゃあ」

孝の前で後輩が言った。プラスマイナスゼロは皮肉にも聞こえたが、怒りを向けようにも、後輩にも、飼い主に向けるのも、的外れに思えた。

譲渡会が終生飼養を拒否する飼い主を生み出して、殺処分を検討せざるを得ないケースが発生していることに、自分の責任を感じた。

譲渡後の、不妊去勢手術については、本人からの申告の電話を頼りにしている。センター職員が追跡調査をするべきだが、その手間が割けない。譲渡後に不妊去勢手術をしている飼い主と、していない飼い主では、している飼い主の方が多いようだが、追跡調査に基づく数字はない。

（山野に放している飼い主もいるのではないか。飼い主の追跡調査も行うべきなのか）

こうしたケースは、今後の譲渡講習会で反面教師として伝えてもいかねばならない。

「7つのお願い」の中に、

《新たな家族と一緒に過ごせる住宅環境は十分ですか？》

とあるが、本人からの申請に任されていることも問題のようだ。

〈希望者の住宅環境を前もって視察して、改善してもらうところがあれば、アドバイスするなりしなければいけないのかも。マンションやアパートで大型犬が無理であるように、犬の譲渡が希望であれば、住宅環境も踏まえた上で、どんな犬種が適切で、近所迷惑にもならないか、アドバイスが必要なのではないか。でも、そこまで踏み込んでいいものか〉

悩むところだが、家庭訪問の手間暇を職員が創り出せるか、という疑問も湧いた。

みずから希望して動物管理センターでの仕事に就いたが、異動は公務員の宿命でもある。

1996（平成8）年度の年度末となる1997（平成9）年3月、孝は県南部にある食肉衛生検査所の支所へ「と畜検査員」として異動の辞令を受け、狂犬病予防の現場から離れることになった。

12

と畜検査は、食肉の安全確保のために、獣医師の資格を持った「と畜検査員」によって行われる。

孝は、各地から運ばれてきた豚の健康状態を一頭ずつ、望診と触診による生体検査で確かめ、「と畜を遂行してよいか」を判断して、と畜後は、枝肉や内臓に腫瘍やその他、異常の有無を検査し、食用に適さないと判断すれば、一部あるいは一頭まるごと廃棄させる。

異動先となった支所は、県内の食肉衛生検査所の中で最も小さい。小さいといっても、1日の豚のと畜処理能力は最大250頭である。豚担当の検査員は10人体制だ。

「と畜場法」は、衛生管理が行き届いている畜場以外でのと畜、解体を禁止している。対象動物は、牛、馬、豚、羊、山羊の5種類で、これらをまとめて獣畜と呼ぶ。家庭での解体が困難であり、販売されることで、不特定多数の口に入る家畜が対象と言ってもいい。

家庭内で飼育され、消費される鶏やアヒルなどの家禽類は獣畜ではなく、と畜場法の対象外である。ただし、家禽業として販売目的で飼育されるものには、「食鳥処理法」こと「食鳥処理の事業の規制及び食鳥検査に関する法律」により、検査や指定場所での処理が定められている。

異動の前、副所長が言った。

「田辺、お前はいくつになるっけ」

「今年、30になります」

「そろそろだな。異動先で何とかしろよ」

茶化す口調ながらも目は笑っていない。

「あの、何とかしろとは」

「結婚だよ。俺の経験からいうと、公務員はリストラもない、収入も安定している、結婚相手に不自由しないって言われるけど、公務員としてどんな仕事をしているのか、相手のご家族、親類はそれなりに気にするものだよ。薄々はわかるだろ」

いくら法律に基づいているとはいえ、毎日、犬や猫を殺処分していると言えば、感情的に受け入れがたい人もいるだろう。その点、公務員獣医師として、県民生活を支えている県食肉衛生検査所に勤務しているというのは、理解しやすい。

（婚期か。異動がチャンスと言われたらそうかもしれない）

孝は気づいた。

（彼女の親父も動物保護管理センターの仕事にも理解があるはずだから、結婚を認めてく

れるだろう）

昨年の盆休み中、高校卒後10年の同窓会があった。クラス違いだが、初めて言葉を交わした女性がいた。顔も覚えていない。彼女は、市の教育委員会事務局に勤務していた。

「動物保護管理センターにいる、と話すと、予想外の言葉が返ってきた。

「行ったことがあるよ、中学生のとき。忘れようもない」

初対面に等しい会話がこれだった。

トイ・プードルを家の中で飼っていたという。散歩は朝夕、父親が欠かさなかったが、あるとき、玄関が開いたのを見はからうように、家から飛び出し、行方不明になった。1日経過したが、帰ってこない。市職員だった父親が「動物保護管理センターに収容されているかも」と言い出して、父親と一緒に足を運んだのだった。

「お父さん、市の職員だから、県の施設も知っていたのだろうけれど」

多くの犬が収容されている檻「成犬室」を見て、親子で驚いたという。愛犬は子犬室にいくつかある檻に単独で入れられていた。体は汚れ、ひと回り痩せたように見える。自宅から5キロ以上離れた場所で捕獲されていた。

「お迎えに来られなかったら、あと4日でガス室に入れて殺処分でしたよ」

職員の言葉を彼女は覚えていた。

「トイ・プードルは好奇心旺盛で積極的な気質と言われているから、冒険してみたくなったのかもなあ」

「檻の中で、他の犬たちが私を見る目が忘れられないわ。わが家の1匹だけを檻から出して帰るのを、羨ましそうに見ているような感じだった」

動物保護管理センターが、一般的に知られていない、知る人ぞ知るというのは、今も変わりがない。

「教育現場でも折々に伝えてほしいと思うけれど。動物愛護週間のときだけじゃなくて。子どもと親が話し合えば、迷子の犬や猫も少なくなるかも。殺処分のことは、伝えるのが難しいな」

「大変な仕事よね、田辺君の仕事は」

「民間の業者がやらない仕事をやるのが、おれたち役所の人間、公務員だからね」

こうした会話から親しくなり、普及が始まったばかりの携帯電話で連絡を取りあい、時々、会うようになった。大学で狂犬病の講義を受けるまでは、存在も知らなかった動物保護管理センターだが、彼女の方が「うちの子がいるかもしれない」と思い、孝より先に訪れていたのである。

「田辺、出会いがあって先方が好意的だな、と思ったら、すぐに話をまとめろよ。次回ここに戻ってきたら、次の異動までは時間がかかるぞ。いや、お前は異動がないかもしれない。ここの勤務を希望して、狂犬病ワクチンも接種してきたぐらいだから、県の覚えもめでたいものがある。いずれは所長だ」

副所長のアドバイスは孝を刺激した。

(家族を持って、初めて見えてくる風景もあるということか)

孝は異動後、プロポーズをして、年内に挙式を行った。

県食肉衛生検査所は、動物保護管理法ともおおいに関係があった。と畜にあたっての「苦痛を与えないように」の原則は、動物保護管理法に基づくからである。

トラックで運ばれてきた豚は、センターに到着後、囲いに入れられる。水を与え、ひと休みさせた後、職員が温水シャワーのホースを手に持って、一頭ずつ丁寧に、とまではいかないが、体を洗ってやる。

豚は心地よい表情になる。運ばれてきたばかりの豚の中には、本能的に殺されることを察知してか、金切り声をあげているものもいるが、シャワーを浴びると精神的に落ち着くのであろう、そうした叫び声は聞かれなくなる。気持ちよくなった豚を一頭ずつ、獣医師である畜検査員が望診、触診で生体検査し、異常がなければ合格を出し、殺処分に進ませる。

囲いの一角に扉がある。扉を開けた先は「滑り台」と職員が呼んでいる場所に続いている。豚は抵抗なく扉に進み、滑り台を駆け降りる。降りた場所に電流が流れている首輪があり、そこに首が引っ掛かり、昇天するのだ。

電殺場と呼ばれ、苦痛を感じない瞬殺である。犬猫の殺処分が果たして苦痛を与えないものになっているのか。連日、孝は考えていた。

電殺された豚は喉元《のどもと》を切られて速やかに放血され、頭を下にして吊るされ、高熱蒸気のもとで脱毛機にかけられる。続けて残毛処理のため、自動的にバーナー室に送られ、四方から出る火で瞬間的に丸焼けとなる。腹部を切開し、首を大型の電動のハサミで切り落とした後、内臓を摘出し、と畜検査員が内臓検査、枝肉検査などを行ってゆく。

孝が再び、県動物保護管理センター勤務となるのは、2000(平成12)年度の同年4月からだった。

この4月1日から県動物保護管理センターは「県動物愛護管理センター」に改称された。改称は1999(平成11)年12月に動物保護管理法こと「動物の保護及び管理に関する法律」が、動物愛護管理法こと「動物の愛護及び管理に関する法律」に改正されたことに伴っていた。1年間の周知期間を置いて2000年12月に施行される。

動物愛護管理法は保護動物を「愛護動物」と言い換え、動物保護管理法において《殺傷も含む虐待及び遺棄に対し3万円以下の罰金に処する》と定めた罰則規定を強化したのが最大の変化だった。

《第27条　愛護動物をみだりに殺し、又は傷つけた者は、1年以下の懲役又は100万円以下の罰金に処する。
2　愛護動物に対し、みだりに給餌又は給水をやめることにより衰弱させる等の虐待を行った者は、30万円以下の罰金に処する。
3　愛護動物を遺棄した者は、30万円以下の罰金に処する。》

（法律は社会の変化に対応してゆくものだが、改正のきっかけが社会問題となったあの事件とは……）

この改正は、1997（平成9）年に起きた神戸須磨連続児童殺傷事件を受け、虐待、遺棄の厳罰化が国会で取り上げられたことによる。

酒鬼薔薇聖斗《さかきばらせいと》と名乗る14歳の「少年A」が、11歳の児童の首を切断するなど、その残虐さを示す大事件は社会を震撼《しんかん》させた。犯行前に少年が猫を虐待死させていた事実が明らかになり、動物虐待と犯罪の関連性にも注目が集まった。

「動物虐待が少年犯罪の温床になっていたのではないか」

と、動物愛護団体の全国組織が罰則規定強化の必要性を指摘し、政府も法改正に動いたのだった。

動物愛護管理センターに関わる法改正がもうひとつあった。1999(平成11)年、狂犬病予防法の一部が改正され、輸出入される犬、猫、アライグマ、キツネおよびスカンクの検疫が動物検疫所で義務付けられるようになったのである。犬や猫を連れての海外旅行などは渡航先の状況に応じて、事前の届け出、ワクチン接種など、獣医師が発行する証明書等を動物検疫所に提出する義務が記載された。

動物愛護管理センターに孝は復帰し、殺処分と譲渡会に向き合う日々が再び始まった。罰則規定の強化は、効果は未知数でも、歓迎すべきこと、と現場は受け止めていた。孝に結婚をすすめた副所長は所長に就任していた。

「当センターも殺処分から愛護に力点を置けるようにしていきたい。そのためには老朽化した施設では限界もあるだろう」

所長は新年度の職員への挨拶で述べた。孝は個人的に所長室を訪ねて伝えた。

「犬と猫を一緒に殺処分しています。別々に、それぞれのドリームボックスで息を引き取らせてあげたい。新設するのであれば、焼却炉も別々に、お願いしたく」

譲渡講習会を行う会議室も手狭である。建物は老朽化していても、

(予算もかからず、早急にできるのではないか)

と孝がまず取り組んだのは、動物愛護管理センター独自のホームページの開設だった。

県のホームページ上で、出先機関のひとつとして所在地、連絡先は表示されているが、それ以上の説明はない。県動物愛護管理センターにも、パソコンは一昨年度から導入され、県庁とも、県内5つの保健所とも事務連絡を電子メールのやり取りで行っているが、電話やFAXがまだまだ主流だ。

「殺処分から愛護に力点を置く」というのであれば、ホームページを開設して、殺処分の実態、抑留されている犬猫、返還手続きなどについて、積極的に発信するべきなのだ。

県内各地の保健所で保護されている「抑留犬」「抑留猫」の情報も保健所独自のホームページに掲載が望ましいが、それを実現するためにも、センターのホームページに「○×保健所にこういう犬猫が……」と情報を掲載できれば、と思えてきた。

出先機関で独自にホームページを作成して構わない、と本庁は言っており、パソコンに不慣れな孝も、ホームページ作成のソフトやガイド本を自費で買い込み、準備を進めた。

法改正もあって、動物愛護の言葉は世に喧伝されていたが、年間の殺処分数が劇的に減

ったとは言えない。

2000（平成12）年度における全国の犬猫の殺処分の総数は約53万匹（犬が約25万6千匹・猫が約27万4千匹）で、本県の犬猫の殺処分数は約1万5千匹（犬が約9千200匹・猫が約5千800匹）であった。全国でも本県でも飼い主が行方不明の犬猫を探し、お迎えに来る「返還」がまだまだ少ないことが課題となっている。

ホームページの開設を「返還」の改善に結びつけたい。独自のホームページは、孝の復帰1年後の2001（平成13）年4月、新年度開始とともに開設された。

抑留犬、抑留猫の種別、推定年齢といった特徴、捕獲場所などの情報は「抑留犬日報」「抑留猫日報」と題した書類に毎日まとめ、収容施設内に張り出されるが、その情報はリアルタイムで、夕方に「迷い犬情報」「迷い猫情報」としてホームページにもアップされることになった。これまでは電話での問い合わせがあるたびに、飼い主の住所、犬猫の特徴を聞いて、「抑留犬日報」「抑留猫日報」と照合していたのである。

犬猫を探している飼い主が動物愛護管理センターのホームページを見れば、当たりを付けられるのだから、「前進だ」と孝は思った。ただ、惜しむらくは犬猫の写真まで掲載はできない。デジタルカメラは出始めで価格も高く、まだフィルムの時代であった。フィルムを現像に出して、プリントをスキャナーで読み込んでホームページにアップして……といった手間暇はかけられない。すっかり普及した携帯電話にも、カメラ機能はまだ付いていなかった。

21世紀に入り、ペットを取り巻く社会的環境の変化を孝は感じていた。ペット同伴可能なレストランをはじめとした飲食店、ペットと泊まれる宿泊施設、犬の首輪を外して遊ばせるドッグランの開設、ペット葬祭、ペット霊園など、新聞や雑誌、テレビなどで目にする機会が急激に増えたのだ。ペットを失った精神的な苦痛が、ペットロスと呼ばれるようにもなっていた。

ペットフード、ペット用品なども含めて、ペット産業が巨大化していた。1998(平成10)年、約8500億円だった日本のペット市場は、2003(平成15)年には1兆円を突破するとニュースは報じており、まさに空前のペットブームの到来である。

いくつかの市町村のゴミ処理センターでは、犬猫の火葬用の焼却炉を設け、有料で火葬し、遺骨を引き渡すところも出てきた。民間のペット葬祭業者にも、火葬炉を載せた火葬車による訪問火葬を行うものが現れた。どちらも利用者を集めており、動物愛護管理センターの職員たちにひとつの疑問を投げかけた。

当センターでは家庭で亡くなった犬猫の「死体引取り」を無料で行っているが、もう、終了してもいいのではないか、と。

動物愛護管理センターに死体を持ち込めば、個別に火葬してもらい、遺骨を持ち帰れると思っている利用者もこれまでにはいた。個別に焼却するわけではないので、遺骨は持ち帰れない。

「ペットの死体処理は飼い主の責任、と明確にしなければいけませんね」

孝とすれば、意識改革のチャンス到来と思えた。

「民間のペット葬祭業者から見れば、動物愛護管理センターは商売の邪魔と思っているかもしれませんし」

動物愛護推進の施設として前進するためにも、決断すべき時期が来たのではないか。

動物愛護管理センターは2002（平成14）年度より、個人の犬猫の死体の引取りによる処理は行わず、民間のペット専用の業者を利用してもらうようにする、と取り決めた。

「これからは重油の量も減らせるぞ」

職員に歓迎の声が上がった。

殺処分数が減ってゆくのかはわからないが、この2002（平成14）年、環境省が示した取り組みは、県動物愛護管理センターに新たな責任を自覚させるものだった。

国が動物愛護に力を入れる意気込みは、先の法改正などで、これまでも示されてはいたが、まだまだ不十分と環境省は判断したのだろう、同年5月に「家庭動物等の飼養及び保管に関する基準」を告示した。

犬や猫、鳥、爬虫類など家庭で飼養される動物について、飼育者が果たすべき責任を明確にしたものだった。努力義務ながら、マイクロチップへの言及も初登場した。

《家庭動物等の所有者は、その責任の所在を明らかにし、逸走した家庭動物等の発見を容易にするため、名札、脚環《あしわ》、マイクロチップ等を装着するなど、動物の種類を考慮して、容易に脱落又は消失しない適切な方法により、その所有する家庭動物等が自己の所有であることを明らかにするための措置を講じるよう努めること》

《家庭の物理的規模、経済規模などから適正に飼養できる飼育数を守り、繁殖してもそれ以上の飼養ができない、譲渡もできないと判断し得るならば、不妊去勢手術をするなどの責任を果たす》

飼養者の努力義務も定められたが、注目されたのは「犬の飼養及び保管に関する基準」「ねこの飼養及び保管に関する基準」が詳細に設けられたことである。

これまで各自治体は、犬の飼育については、「畜犬条例」、「飼い犬の適正な飼養の管理条例」などで、放し飼いを許さず、リードや鎖などで係留し、行動範囲が公道に接しないようにすることなど、細かに記していた。告示では、この自治体の条例をさらに厳格にして、猫の飼い主に対しても同様に、責任の自覚を促した。感染症の予防、不慮の事故防止などから猫の健康及び安全の保持、周辺環境の保全の観点から室内飼養に努めることが真っ先に成文化された。

そして、犬猫とも、頻繁な鳴き声等の騒音又は糞尿の放置等により周辺地域の住民の日常生活の迷惑とならないように努めることなどがはっきりと書かれたのである。

国民に周知するには、県の責任もある。当センターにとって、この流れは、老朽化した施設を建て直し、殺処分から愛護に力点を置いた施設とするべく、県に訴えるチャンスでもあった。

犬と猫のドリームボックスは別々にしたい、20人も入れば満員状態となる会議室も広くしたい、建て直しをすれば、児童や学生がクラス単位で訪れても、ペットの終生飼養について学び、模範的な飼い主になる契機を作ることもできる。所長は職員たちの意見をまとめ、県に提出した。

この2002年、この動物愛護管理センターは狂犬病の恐ろしさも伝えていく施設なのだ、と孝は改めて考えさせられた。11月、狂犬病の清浄国とされていたイギリスで100年ぶりとなる狂犬病による死亡者が発生したのである。

ワイルドライフ・アーティスト、ナチュラリストとしてイギリスで名前が知られ、コウモリの絵画でも知られるデービッド・マクラエが、国内に生息するドーベントンコウモリに咬まれ、狂犬病類似ウイルスの一種であるヨーロッパ・コウモリ・リッサウイルスに感染、死亡した。享年56であった。イギリスのマスメディアはセンセーショナルに扱った。孝はネットで現地の新聞を閲覧することができた。"First Victim In A Century"（1世紀ぶりの犠牲者）という見出しだった。

狂犬病は犬の病気であり、人間には関係ない、と思っている日本人も少なくない。それは日本国内で感染患者、感染した犬が、どちらも１９５６（昭和31）年を最後に発生しておらず、恐ろしさを自覚する機会がないからなのだ。

見方を変えれば、結構で望ましいことかもしれないが、海外への渡航が容易になった今、渡航先によっては、犬や野生動物に咬まれるリスクも高い。これをどう伝えていくか。

（帰国後に発症する輸入感染者は30年以上出ていないが……）

２００２年の時点で、日本国内において狂犬病で死亡した例は、１９７０（昭和45）年、旅行先のネパールのカトマンズで犬に咬まれた学生が帰国後に発症し、死亡した例が唯一だった。

13

ホームページの「迷い犬情報」「迷い猫情報」の公示も、写真を掲載するには至らず、文字だけの情報で開設されたが、1年が経過した2002（平成14）年になってみると、カメラ付き携帯電話が普及し、デジタルカメラも手が届きやすい価格のものが出てきた。

飼い主がお迎えに来る「返還」の率を向上させるには、「迷い犬情報」「迷い猫情報」への写真掲載こそ重要と孝は考え、夏のボーナスでデジタルカメラを購入し、ホームページ上にセンターに収容されている犬猫の写真を掲載してみた。

効果は大きかった。ホームページにアクセスした飼い主が、「うちの子だ！」とすぐに発見して、「返還」に結びつく例が徐々に見られるようになったのだ。職員たちは嬉しさとともに、技術革新に感動し、

「各保健所の犬猫の写真も掲載できるようにしたいですね」

前向きな声が次々と上がった。

一方、譲渡会では、「1匹でも多くもらわれて、きちんと終生飼養してもらい、殺処分を免れますように」と願うばかりの課題が残ったままだった。

譲渡の手続きとしては、希望者本人の終生飼養の意思を確かめるだけで、希望の犬猫を譲渡会当日に与えている。1匹に希望者が複数現れれば、じゃんけんや籤引《くじび》きなりで決めていた。

ところが、「引っ越し先がペット禁止で、飼えなくなりました」「犬が大きくなって、力も強くなって。私たち年寄りの夫婦では、散歩すら大変になりました。すみません」と、譲渡した犬猫が「引取り」となって、舞い戻ってしまうケースが依然として続いていた。

改善策としては、譲渡希望者の年齢、住居環境、家族構成、ライフスタイルなど、事前に調査をする。必要であれば家庭訪問をして、犬では住居環境にふさわしい種類、体格の種類を話し合って決め、さらに、飼育から半年、1年と追跡調査を行い、終生飼養を果たす責任の自覚に変化はないか、確認することだろう。

プライバシーの問題に踏み込む面もあるし、譲渡前、譲渡後の様子を把握し続けることなど、人員的にも難しい。

「動物愛護団体の方々と相談して、県からの委託という形で予算も獲得して、仕事を依頼できればいいのですが」

既に中堅職員になっている孝は、所長に進言した。

折しも、2002（平成14）年の新年度から、全国の公立学校では完全週5日制が始まっていた。同時に総合学習（総合的な学習の時間）がカリキュラムに加わった。知識の詰め込みではなく、自分で調べ、考えて「生きる力」を身に付けることを目標とした授業だ。総合学習のテーマは各学校に任されるが、指導教員の影響力も大きい。地域史、身近な山川海の変遷や自然観察、農作物づくりなどある中、「身近な生命」「人間と動物の共生」は教育現場では重視したいテーマになっている。

「動物愛護管理センターの見学を通じて、犬猫の殺処分について学習させたいのですが」

問い合わせが県内数校の高校から寄せられていた。

孝が窓口となり問い合わせに応じた。殺処分は法律に基づいた行政サービスで税金が使われている。殺処分で使う重油の量を調べることは、エネルギー問題を考える機会にもなる。ペットを飼っている子なら、家庭も大切な学習の空間になるだろう。

心の準備もしていない高校生たちに、殺処分や焼却の様子は直接見せられないが、収容された犬猫の姿を見てもらい、「なぜ、ここにいるのか」と考えてもらわねば意味はない。だが、老朽化した施設では糞尿の処理にも限界があり、事前に教員が打ち合わせに来ると毎度のように「これ、改善できませんでしょうかね」と指摘され、何校かは「やはり生徒に見学させるのは、親御さんも心配されるか、と」と断りの連絡を入れてくる学校もあった。こうした事例も、県に提出する要望書に加えてもらった。

焼却処分後の遺骨はセンター敷地内の動物供養塔に埋葬してきたが、もはや収容できず、敷地内の別の場所を掘り起こしては埋めていた。センターの庇の下の一角にピラミッド状に積み上がっている骨を、家庭菜園の肥料として、職員が持ち帰ることもあった。骨はリン、カリウム、窒素を豊富に含み、高品質の肥料になるのだ。

殺処分を減らすために、実態を県民に知ってもらい、関心を喚起するためには、譲渡会の開催と毎年9月の動物愛護週間の催しだけでは心もとなく思っていた。

そこで、2003(平成15)年から、これまで見学に訪れた県内の2つの高校の協力を得て、犬猫の遺骨を校内や地域、家庭での花の栽培の肥料として利用してもらう「命と緑の活動」を始めた。

地元メディアも注目し、2004(平成16)年、2005(平成17)年には新たに1校ずつ、参加校が増えた。孝は参加校に出向いて、高校生たち、教員たちに頭を下げた。

「『おかげさまで、殺処分がゼロとなり、もう、皆さんに遺骨をお渡しすることができなくなりました』と言える日がくるよう、その日が来るまで、皆さんの後輩の方にもご協力をお願いします」

東京に本部を置く動物愛護団体が全国47都道府県に対して、動物行政に関するアンケート調査を行っていた。各都道府県が公表する各数字を独自に集計し、殺処分数をまとめるものだ。それによると、本県は例年、全国ワースト10位から15位内に入るようだった。

国も都道府県別の統計はもちろん、共有しているが、人口や世帯数に差異がある中、殺処分数の相対比較は目安にはなっても、一律に論じる難しさがある。当時はまだ一般的には知られていなかった。動物愛護団体にすれば、情報公開の改善を願ってのもの、手間暇かけてまとめ上げた統計のマスコミへの訴求力は強かった。

地元メディアも動物愛護管理センターを取材して、全国的にも多いとされる殺処分数の背景を探る記事や放送が多くなっていった。

そのたびに孝をはじめ職員たちは、施設の建て直しを求める書類に記事やビデオをつけて県に提出し、殺処分から愛護に力点を置きたい旨を伝えるのだった。

「動物愛護管理センターや保健所に犬猫を持っていくと殺処分されるから可哀そうだ。山野に捨てれば、自力で生きてゆけるか、きっと誰かに飼ってもらえるはず」

こうした無責任な考えの飼い主の存在が、本県のみならず、全国的な問題になっていたからだろう。２００５（平成17）年6月、動物愛護管理法の改正でさらに罰則規定が強化され、翌２００６（平成17）年6月から施行された。

《第44条　愛護動物をみだりに殺し、又は傷つけた者は、1年以下の懲役又は１００万円以下の罰金に処する。
2　愛護動物に対し、みだりに給餌又は給水をやめることにより衰弱させる等の虐待を行った者は、50万円以下の罰金に処する。
3　愛護動物を遺棄した者は、50万円以下の罰金に処する。》

2の虐待、3の遺棄はこれまでの「30万円以下の罰金」から「50万円以下の罰金」に引き上げられた。

この2006年は、フィリピンから帰国した60代の男性2人がそれぞれ帰国後に狂犬病を発症し、死亡したことがニュースにもなった。輸入感染症による狂犬病の死亡者は36年ぶりである。

(海外では狂犬病が今も大きな健康問題となっている。渡航先で狂犬病は問題となっていないか、外務省のサイトがあることを譲渡講習会で案内しよう。これから海外に行く機会もある高校生にも語っていこう)

36年ぶりにわずかに2人が亡くなっただけ、という見方があっても、警告を発することが、狂犬病予防員としての責務であると孝は自覚した。

環境省の統計によると、2006年度の全国の犬猫の収容数（「引取り」と「所有者不明引取り」の合計）は全国で約37万4千匹（犬が約14万2千匹・猫が約23万2千匹）、返還・譲渡数は約3万3千匹（犬が約2万9千匹・猫が約4千匹）で、殺処分数は約34万1千匹（犬が約11万3千匹・猫が約22万8千匹）だった。

本県では2006年度、犬猫の収容数（同）は約1万1400匹（犬が約6千700匹・猫が約4千700匹）、返還・譲渡数は約930匹（犬が約850匹・猫が約80匹）で、殺処分は犬猫合わせ約1万460匹（犬が約5840匹・猫は約4620匹）である。

2000年度の全国の犬猫の殺処分の総数は約53万匹、本県の犬猫の殺処分数は約1万5千匹（犬が約9千200匹・猫が約5千800匹）。着実に減少している、とは言える。しかし、「1万」を超える犬猫が殺処分されているのだ。見学に訪れる高校生にとっては、許しがたいものだろう。

一方で、動物愛護管理センターでは、飼い主の家で亡くなったペットの「死体引取り」をやめて3年目に入ったが、県民からのクレームらしきものはなかった。ペット葬祭、ペット霊園など、需要に応える場所が地域で普及し、許容してもらえたようだ。「死体引取り」が無料であるから、生きている犬猫の「引取り」も無料である、と思われていたのではないか。孝にはそう思えた。

「引取り」は新しい飼養者が見つからない場合のみといった趣旨の広報もしてきたが、伝わりにくいものだったらしい。「新しい飼い主を探すのが面倒であれば、行政がタダで引き取ってくれる」という誤解から、多くの県民が生きた犬猫を持ち込んできたとも言えそうだ。

「病気になった犬の世話はわが家ではもうできない」

「大きくなりすぎて可愛くなくなった」

「ペット禁止のマンションに引っ越しすることになり……」

さまざまな理由で、窓口に現れる飼い主に、孝は尋ねるのだ。

「新しい飼い主さんをみつける努力はされましたか」

「はい。しました。ですが、誰もいません」

言い繕っている表情はうかがえたが、必要以上の問いかけはトラブルにもなる。

生態系を守るために山野に捨てず、行政サービスを利用してくれたとでも思うしかない。

それでも——と新たな対策を打ち出した。

本県では動物愛護管理県条例を2007（平成19）年度より改正し、有料に切り替えたのである。有料化することで、かえって山野への遺棄が増えるのではないか、という懸念もあったが、「遺棄は罰則を伴う犯罪行為である」と、従来の環境省作成のポスターに加えて県独自のポスターも作成して、小学校や中学校も含め、県内のあらゆる公共施設に貼り出してこれまで以上に広報した。ホームページでも大々的に訴えることにした。「引取り」に要する手数料は県の「手数料及び使用料に関する条例」に則って以下のように定められた。

◎ 犬

生後91日以上で体重が30キロ以上　3千円
生後91日以上で体重が30キロ未満　2千円
生後91日未満　5百円

◎ 猫

生後91日以上　2千円
生後91日未満　5百円

「もうタダでは引き取ってくれないのか。県の施設なのに金を取るのか」というクレームが動物愛護管理センターのみならず、県庁にも寄せられたが、2007(平成19)年度の本県の犬猫の殺処分数は統計開始以来、初めて1万匹を切り、2008

（平成20）年度も1万匹を切った。

さまざまな試みをしながら、往時より殺処分数は減ってきたものの、（ドリームボックスで殺処分して焼却するよりも、食べてあげる方が功徳になるのでは）という思いが、再び孝の中で大きくなった。

というのも、２００８年、中国の北京市で夏季オリンピックが開催されたからだ。北京五輪に関する報道の中に、北京市内の飲食店に対して、犬肉提供を自粛するように当局が通達を出したというものがあった。２００２（平成14）年、日韓共催のサッカーワールドカップ大会でも、当局がソウル市内の飲食店に犬肉の提供自粛を呼びかけたというニュースがあった。

異なる食文化を体験したいと思っていた訪問客も少なくなかったのではないか。獣医学部時代、日本語の堪能な中国人の留学生が「犬、猫はうまい」と話していたことを孝は思い出した。

（世界の工場といわれる経済大国になり、オリンピック開催国となった中国では、国民生活も大きく変わってきているのだろう。犬猫をペットにしている人も多いと聞いている。ペット用の犬、食材としての犬に分かれているのだろうか）

こう考えるものの、国内でも東京、大阪の繁華街には犬肉を供する料理店があるのは、知る人ぞ知る話になっている。

農林水産省の動物検疫所が年次報告している「動物検疫年報」の畜産物種類別輸出入検疫状況には、「犬肉」の輸入量も報告されている。中国やベトナムなどからの輸入だ。鍋、煮込みで食べることが多いらしい。

今日までの公衆衛生獣医師生活を顧みても、ここ数年は犬猫の殺処分を減らそうと、殺処分の実態を行政みずから広報し、マスメディアも積極的に取り上げているが、もしも、「食べるために譲ってほしい」という依頼があったら、どのように我々は反応するだろうか。

仮にあったとしても、食用を前提とした譲渡は許されないが、日本に住民票を持つ中国人が譲渡会に来て、譲渡された犬なり猫なりを、頃合いをみて食用にしても、虐待であり、動物愛護管理法に反すると、はたして文句をつけられるのか。

譲渡会が終生飼養する新たな飼い主に巡り合うのを目的として行われていても、犬は愛玩動物というよりも家畜という感覚を持つ人にとっては、ほど良い肉付きとするまでの時間が、終生飼養に相当する時間の感覚なのではないか、とも孝に感じられてきた。

(本県に住む外国人も増えてきた。彼らが譲渡会にやって来る可能性は今後あるかもしれない。動物愛護管理センターが建て直されたら、それを機会に多言語に対応する必要もあ

るか。食用にしないこと、あくまでも愛玩動物として終生飼養を、と注意書きを添える必要もあるか）

今後の課題か、と考えてもみた。

２００９（平成21）年3月、老朽化した動物愛護管理センターを建て直すための関連予算が県議会を正式に通過した。周囲の土地を買い足すかたちで現状の平屋建てのセンターを新築し、地下1階、地上2階建てと規模も大きくして、２０１０（平成22）年4月から生まれ変わることになった。半世紀以上使用できるよう、施設全体に余裕を持たせる。

成犬室は6室から7室に増やし、各室の広さは従来の1・5倍になる。最新設備によって、糞尿の臭いを可能な限り抑えるなど、衛生管理を徹底させる。

ドリームボックスも犬猫別々の仕様とし、それに伴い、焼却炉も別々にする。

講習会を行う会議室は50人の収容が可能、最新の映像機材を導入する。センター前には譲渡犬の健康管理も兼ねたドッグラン広場を設けることにした。

成犬室の檻は緑色の塗装をしたものだが、犬たちのつかまり立ちで塗装も剝げ、錆ついていた。収容犬がいることで、塗装をしようにもままならなかったが、新センターでは、防錆仕様で銀色の鉄柵を採用する。

焼却炉の側にある年季の入ったサンドバッグ、ボクシンググローブはどうするか。「やっぱり、あった方がいい」と意見は一致した。40年近く使われており、どちらもすっかりくたびれているので、所長がポケットマネーで国産メーカーの新品をネットで購入して寄贈すると約束した。

2010年2月に新センターは落成し、新年度から運用が始まった。

動物慰霊塔の場所は変わらないが拠点が改まれば、職員の意識も改まる。

ホームページの抑留犬、抑留猫の「迷い犬情報」「迷い猫情報」はより詳細になり、犬の譲渡会は土曜日、猫の譲渡会は日曜日と、毎週末の開催になった。平日から週末開催に移行するにあたり、地元の動物愛護団体と良好な関係を築いていた孝は、譲渡に際しての家庭環境調査、譲渡後の家庭訪問調査など、一部の業務を委託した。

希望者に年齢や家族構成、経済的余裕、時間的余裕の有無についても問いただすという、見方によっては「憎まれ役」を引き受けてもらうかたちとなる。

◎　犬種にもよりますが、犬の生涯飼育には最低でも180万円かかると言われています。経済的な余裕は大丈夫ですか？

◎　猫は室内飼育が基本です。外には出さず、終生飼養を約束できますか？

◎譲渡が正式に決まるまで、譲渡講習会も含めてセンターに2回はお越し頂きます。時間的な余裕は大丈夫でしょうか？

◎ご家族全員65歳以上、また、お一人暮らしの方は万一の際に預かり先となって頂ける「保証人」を決めて頂きます。了解できますか？

適正な飼養では15年以上生きる犬猫も多い。家族全員が65歳以上の譲渡で、過去、問題にもなったのは、犬の散歩を健康維持のため行ってきたが、70歳以上となって中型犬、大型犬の散歩がきつくなり、とうとう、「もう飼えない」と「引取り」を依頼する例があったことだ。

「家族全員64歳ならば、保証人は必要ないのか」

という理屈もあろうが、高齢者は65歳以上という目安が社会的に定着していることに合わせた。

一人暮らしの飼い主への譲渡では、仕事の都合で毎日の犬の散歩ができず、出張や旅行のときは、ペットホテルを利用するわけでもなく、餌と水を入れたトレーを置いて不在にするという、犬の健康を損なうような事例もあったのを踏まえていた。

地元の動物愛護団体は、県内のみならず、全国各地の動物愛護団体やボランティアとインターネットでつながり、全国区のネットワークを構築している。

動物愛護管理センターや保健所への「引取り」を考えている飼い主の相談に乗り、独自に犬猫を保護し、里親会を開催する熱意もある。里親会の会場も、活動に理解のある有志が提供し、餌代や医療費などの運営費を賄うため、手作りの物品販売なども積極的に行っていた。ネットの力で、他県で新たな飼い主が見つかる事例もあり、行政だけで考えていては知り得なかったことを、いくつも孝は教えられた。

彼らとの交流の中で、抑留犬、抑留猫が、「保護犬」、「保護猫」と呼ばれるようにもなったのも大きな変化だ、と孝は感じ入ったのだった。

譲渡会以外にも、小中高校生を対象に、動物愛護管理行政を解説し、動物愛護について考えてもらう体験学習プログラムも「動物愛護の普及啓発活動」の一環として頻繁に開催できるようになった。

14

新センターの運用が始まり、1年を迎えようとしていた2011（平成23）年3月11日、東日本大震災が発生した。

被災地では、飼い主と離れ離れとなる犬猫も多くいた。当時は、「災害発生時はペットも一緒に避難する」という「同行避難」の意識が社会的にまだ低く、今後の災害時の課題として大きく浮かび上がった。「同行避難」が飼い主の終生飼養責任のひとつとして広く論じられる起点にもなったのである。

大切な家族の一員である犬猫と共に避難をするのは誰もが願うことだった。しかし、「犬猫は嫌い」「動物は苦手」という被災者も避難所では少なくない。

同行避難の周知には、避難所内の飼育エリアの確保など、行政側の課題も多かった。

震災発生から3週間後、孝は県獣医師会の協力を得て、犬猫のフード、トイレ用品、薬などを託され、派遣職員団の一人として、被災地に2週間滞在した。

疲労の色が濃い現地の公務員獣医師、開業獣医師を応援するかたちで、避難所を巡回し、犬猫の体調を診察しながら、同行避難のありかたを考えた。

段ボール箱を犬猫のハウスに転用する、屋外のテントの下に犬を集めている避難所があった。車の中で面倒を見ている飼い主も多かった。避難所によって形態はさまざまであった。キャリーハウスやケージに入れての同行避難が理想、と考えさせられた。

（不妊去勢手術をしている犬猫は、落ち着いている。避難所で多くの犬猫と一緒にいても情緒が安定している）

未施術の犬猫は常に鳴き、吠えて興奮しており、避難所の人々を苛だたせてもいた。オスがメスを求め、オス同士が威嚇し合うのは自然な生理だが、同行避難を想定すれば、不妊去勢手術は必須だ、と孝は実感した。

（譲渡会には、不妊去勢手術を施した上で出すようにしなければ）

本県に戻って獣医師会で報告し、広報活動に反映させる段取りを考えた。

避難所の規模、構造によって、ペットの収容の可否が分かれる事例もある。今後、本県の地域の防災訓練では同行避難訓練も行い、収容可否を検討する必要があると孝は感じた。

避難所には、「犬猫は嫌い」「動物が苦手」という被災者もいるが、いつ終わるかわからない避難生活の中、犬や猫の存在が、飼い主だけではなく、人の心の支えや癒しとなっている姿は、あちこちで見られた。犬や猫と触れあう子どもたちの屈託のない笑顔は強く印象に残った。全国から支援物資が自治体に届き、ペット用品も避難所に分配される。「我も我も」と犬や猫を抱いたり、なでたりするついでに、フードを与える被災者も多かった。このため、「餌は飼い主が与えます。食べ過ぎで体調を崩してしまいます。飼い主さん以外、餌をあげないで下さい」と告知する必要もあった。

外れてしまったものもあろうが首輪がない、首輪はあっても連絡先が記されていない、迷子札もない犬猫も多かったが、自治体が臨時に開設した犬猫の避難所「シェルター」に収容し、写真入りでネットにあげ、飼い主を探していた。

離れ離れになった飼い主が、携帯電話で撮影した愛犬、愛猫の写真を迷い犬、迷い猫のサイトに投稿し、写真が飼い主の証明となって、シェルターにいると特定される感動的な再会もあった。

再会がかなわない犬猫は、被災地から離れた他県の動物愛護管理センターにボランティアによって運ばれ、譲渡会で新たな飼い主に巡り合うことにもなった。

被災地から戻り、孝は動物愛護管理センターの地下1階にキャリーケース、フード、ミルク、トイレ用品、薬など県内外での災害救助に向けての備蓄も進めた。今後、県内外での災害発生に備えて、被災地のペットの応援に行く体制を整えていく。

動物愛護管理センターでの譲渡会に出す犬猫は不妊去勢手術を施した上で出したい、と県の獣医師会と話し合い、最終的に合意に達した。

各家庭での防災対策には、ペットの防災対策を加えるよう、広報も始めた。譲渡講習会でも時間を割き、孝自身、地域の防災関連の講習会にできるだけ出向くようにした。

大震災の教訓として、日本の多くの企業、家庭では、3日分の水、食料、薬などの備蓄に努める動きが広がった。災害の規模にもよるが、発生から72時間は行政による救援が受けられない可能性があると周知されたからだ。

これを前提として、孝はペットのための備えを強調する。

「被災時の救援は人命優先ですので、ペットの水、フードは最低でも1週間分のご用意をお願いします。アレルギーなど療法食を与えておられる飼い主さんは10日分のご用意が望ましいところです。避難所に行く場合も想定して頂き、リード、食器、トイレ用品、タオル、おもちゃなどの準備もされて下さい。地域の防災訓練では同行避難訓練もお願いします」

他人にそう話している手前、自宅でも家族に説明して、自分たちの避難セット、ペロ用の避難セットをつくってみた。ペット用とはいえ、必要なものを揃えるのは、思いのほか手間暇がかかることを実感した上で、ペロも伴って地域の防災訓練に参加した。

見捨てられ、殺処分となる犬猫がいる現実の中、東日本大震災の発生は、家族の一員として犬猫と共に震災を乗り越えてゆくことも含めて、終生飼養の意義をあらためて国民に問うものとなったのである。

それが2011（平成23）年度の全国の犬猫の殺処分数に表れた、と孝は思った。

全国の犬猫の収容数（「引取り」と「所有者不明引取り」の合計）は約22万1千匹（犬が約7万8千匹・猫が約14万3千匹）、返還・譲渡数は約4万7千匹（犬が約3万4千3百匹・猫が約1万2千7百匹）、殺処分数は約17万5千匹（犬が約4万4千匹・猫が約13

万1千匹）で、1974（昭和49）年の統計開始以来、殺処分数が初めて20万匹を切ったのだった。

前年度の2010（平成22）年度の全国の犬猫の殺処分数は約20万5千匹（犬が約5万2千匹・猫が約15万3千匹）である。

確かに平成に入ってから以来、全国の犬猫の殺処分は右肩下がり、各年度、前年度より3万匹から5万匹、減少するかたちで推移してきた。20万匹台は4年連続で終わり、ついに10万匹台に突入した。10万匹以下の1桁台も視野に入ってきた。

とはいっても、いまだ全国で年間17万匹超という事実は重い。

災害発生時の同行避難を訴える環境省は、2013（平成25）年度から、殺処分ゼロを目指す「人と動物が幸せに暮らす社会の実現プロジェクト」に取り組むことになった。

それに合わせ、国会は2012（平成24）年9月に動物愛護管理法を改正した。動物の所有者の責務として終生飼養が明記されたのは特筆された。終生飼養に反すると考えられる「引取り」を自治体は拒否できるようになり、愛護動物の殺傷、虐待、遺棄の罰則規定をさらに強化した。翌2013（平成25）年9月から施行された。

《第44条　愛護動物をみだりに殺し、又は傷つけた者は、2年以下の懲役又は200万円以下の罰金に処する。
2　愛護動物に対し、みだりに、給餌若しくは給水をやめ、酷使し、又はその健康及び安全を保持することが困難な場所に拘束することにより衰弱させること、自己の飼養し、又は保管する愛護動物であって疾病にかかり、又は負傷したものの適切な保護を行わないこと、排せつ物の堆積した施設又は他の愛護動物の死体が放置された施設であって自己の管理するものにおいて飼養し、又は保管することその他の虐待を行った者は、100万円以下の罰金に処する。
3　愛護動物を遺棄した者は、100万円以下の罰金に処する。》

1999年に動物保護管理法から動物愛護管理法となったとき、1の条文は《愛護動物をみだりに殺し、又は傷つけた者は、1年以下の懲役又は100万円以下の罰金に処する》であった。2006年の改正時には維持されたが、今回は懲役・罰金ともに2倍になっている。2の条文では飼育する者の管理責任に言及した。

これだけでも孝は国の本気度を感じたが、動物取扱業者による愛護動物の適正な取扱いの推進も動物愛護管理法に盛り込まれたのには感激した。

ペットショップやブリーダー、ペットホテルなどを営む者を改正前までは「動物取扱業者」と一様に呼んでいたが、改正後は営利性のある業者は「第一種動物取扱業」、ボランティアで里親を探すなど営利性がなく、飼育施設を有し、一定の数以上の動物を取り扱う動物保護施設などを「第二種動物取扱業」と定めたのである。

第一種動物取扱業にはペットショップ、ブリーダー、ペットホテル以外に、ペットの貸し出し、訓練、展示、オークション業者、老犬・老猫のホームなどが例としてあげられ、営業開始にあたっては都道府県知事の許可を得る。無登録で第一種動物取扱業を営んだ者は100万円以下の罰金となり、従来の30万円以下の罰金から大きく強化された。

哺乳類、鳥類、爬虫類を販売する第一種動物取扱業者は、犬猫等健康安全計画の策定、個体ごとの帳簿の作成と管理、毎年1回の所有状況報告が義務付けられ、販売に際しては購入者に対してあらかじめ現物確認と対面説明が義務付けられた。

さらに、幼齢の犬猫の販売は出生後49日（7週）未満のものは販売、並びに販売のための展示、引き渡しは禁止とされた。幼齢の犬猫を生後早い段階で親、きょうだいから引き離してしまうと社会性が損なわれ、成長後に吠え癖や咬み癖が生じやすく、飼い主が動物愛護管理センターや保健所などの保護施設に「引取り」を依頼する、遺棄の一因になり得ることから販売は49日超で、となったのである。

ちなみに、販売業者、貸出業者、展示業者が犬猫を展示する、顧客と接触させる、譲渡する、引き渡す時間帯は午後8時から午前8時の12時間は禁止となった。都市部の繁華街で深夜営業もするペットショップ、猫カフェなどは営業形態を変更することになった。

本県のみならず、各県ごとに動物愛護を推進する上で法改正は拠《よ》り所となり、環境省が発表する犬猫の殺処分数も右肩下がりで減り、２０１５（平成27）年度の全国の犬猫の殺処分数は約8万3千匹（犬が約1万6千匹・猫が約6万7千匹）と、１９７４（昭和49）年の統計開始以来、初めて殺処分数が10万匹を切ったのだった――。

15

新元号「令和」が発表され、平成最後の1カ月が始まった２０１９（平成31）年4月1日、孝は動物愛護管理センターの所長に就任した。

6月1日、令和になって初めて動物愛護管理法の改正が公布され、令和2年の２０２０年の6月1日から施行されることになった。

ペット殺傷に対する罰則規定の強化が目を引いたが、幼齢の犬猫の販売は出生後56日（8週）未満のものは禁じられて56日超となり、マイクロチップ装着の義務化についても盛り込まれたのも大きな特徴だった。

飼い主の責任を明確にし、捨て犬や捨て猫を防ぐマイクロチップの義務化については公布から3年となる2022（令和4）年6月1日から施行されることになり、ブリーダーなど繁殖業者に装着を義務付ける一方、一般の飼い主には努力義務とする。

既に犬猫を数年間、飼育しているが、マイクロチップは未装着という飼い主にとって努力義務は変わらないが、今後、ペットショップから購入し、新たな飼い主となる者は装着されているマイクロチップの登録変更が義務となる。

（静岡の猫のインパクトは大きかったな。大々的に取り上げられたから）

2018（平成30）年の12月末、1匹の猫が、マイクロチップの威力を世間に知らしめた。静岡市内で行方不明となっていた2歳のメスの飼い猫が、約170キロ先の名古屋市内で約1カ月ぶりに見つかり、飼い主の元に戻ったというニュースだった。

マイクロチップのおかげだった。この猫が静岡から名古屋にどのように移動したのかは不明だが、マイクロチップがなかったら、飼い主との再会もかなわなかったはずだ。マイクロチップの装着と登録を強く促す事例となった。

本県では2018（平成30）年度の犬の殺処分数は2年連続で3ケタ、猫の殺処分数は統計開始以来、初めて3ケタの数字となり、合計でも初の3ケタで1000匹を切った。。

（公衆衛生獣医師1年目の1992年度の殺処分は約1万9千匹だった。約19分の1まで来られたけれども、「命と緑の活動」に取り組んでいる高校生にとっては、本県ではいまだに年間約1千匹の犬猫が殺されている事実に驚愕《きょうがく》だろう。無責任な大人に対して憤りも感じるはず――令和を迎え、動物愛護管理法の改正も行われ、罰則規定の強化も進んだ。しかし、やることはまだまだ山積みだ）

自治体が狂犬病予防注射強化月間に取り組む4月、5月、6月は、動物愛護管理センターにとって、9月20日からの動物愛護週間をどう充実させるか、検討する時期であるがこの4年ほどは、夏場の日中の犬の散歩について、注意を促す広報活動に力を入れる時期でもある。

犬の熱中症対策、と言ってもいい。特に問題なのは夏場の晴天時での散歩だ。アスファルトや浜辺の砂は高温になる。真夏日の表面温度は50度ではきかない。そんな真夏日の日中、自分の都合に合わせているのだろう、犬の散歩をする飼い主がいるのだ。

当然、犬の足裏の肉球などが火傷を負う。故意でなくても、暑さと火傷の痛みを言葉で表現できない犬たちにとって、健康にもかかわり、虐待行為と見なされることもあり得る。そんなことをなさらぬよう、見かけるようなことがあったら注意もして欲しい、と広報するのだ。

あわせて、県が進めている受動喫煙による健康被害防止のためのさまざまな施策、公共施設での分煙の強化、路上喫煙禁止条例と歩調も合わせ、犬猫の適正飼養において配慮すべき点として、タバコの副流煙への注意も呼びかけるようになった。

さらには家庭内の消臭剤や柔軟剤、芳香剤など癒し効果があることで人気となっているアロマ系グッズが犬猫の健康も損なう、ペットの寝床や毛布、トイレなどの手入れには香料の含まれていない消臭剤を使うように、と広報することも多くなっていた。

犬猫は人間よりも遥かに嗅覚が優れているだけに、受動喫煙の刺激臭や化学物質の香料による負担は大きいはずで、食欲減退はじめ体調不良や病気の原因になると考えられているからだ。

犬猫の死因が喫煙家庭での受動喫煙によるもの、という因果関係を証明することは難しい。仮に、実験室でタバコの副流煙を吸引させ続けて、人工的に病気を発症させるような研究は動物愛護管理法における虐待の罰則規定に抵触する可能性もあり、問題視される時代にもなった。

県のホームページ上でも「最近では、タバコによる受動喫煙や消臭剤、芳香剤などの香料が犬や猫などのペットの体調不良を招き、病気の原因になるとも言われています」と、伝聞調で注意を喚起している。全国に広がる路上喫煙禁止条例に、「散歩中の犬の健康被害防止」という「人間と動物との共生」の意義も見出せるような一文も加えて欲しい、と孝はつねづね訴えている。

動物愛護週間が近づくと、環境省が作成したポスターが各自治体に届けられる。ポスターのデザインは、一般公募されたもので、その年の「動物愛護週間ポスターデザイン絵画コンクール」最優秀賞作品（環境大臣賞）が採用されている。

改元のタイミングであり、令和元年の２０１９年度からは、県として独自色を出したい、と2人の獣医師から提案があった。

県独自のポスターや、県内の関連イベントを載せたチラシを作りたい、と提案しているのは、30代の女性主任技師である佐藤美由紀である。彼女は猫の譲渡会を担当している。

「保護犬・保護猫を家族に、というキャッチコピーで、愛くるしい犬猫の大小の写真をさまざまなポーズでちりばめたいのです」

会議の席で、佐藤はパソコンで作成した試作版を皆に見せた。キャッチコピーの下にテキストが添えられている。

《この写真のワンちゃん、ニャンちゃんたちは動物愛護管理センターや保健所にいた過去がありましたが、譲渡会で新たな飼い主さんに巡り合い、今は県内で幸せに暮らしています》

ポスターやチラシにはＱＲコードを入れれば、譲渡会の案内に簡単にアクセスできる。

飼い主さんには写真使用の許可は得ているので、問題なく作成に取りかかれるという。孝は佐藤にゴーサインを出した。

「所長、今年の動物愛護週間では狂犬病予防も強調しておきましょう。時期的にも丁度いいはずです」

そう提案するのは30代の男性主任技師の清水一成である。清水は犬の譲渡会の担当だ。

「なるほど、そうか、イッセイ」

清水の名前は「かずなり」だが、センターにはもう一人、清水姓がいることもあって、孝はそう呼んでいる。孝と同じぐらいの恰幅だが、アウトドア活動が趣味で、坊主頭にはいつもバンダナを巻き、顎ひげが野性味を醸し出している。

2015（平成27）年、WHO、FAO（国連食糧農業機構）、OIE（国際獣疫事務局）は、「2030年までの狂犬病による死亡者ゼロ」を目標に、「United Against Rabies」（狂犬病に対する合同組織）を結成していた。

予防接種の範囲を拡大し、咬傷患者を迅速に医療機関に運ぶアクセスの改善、住民への咬傷予防に関する教育などを柱にして「2030年までに0（ゼロ・バイ・30）」の世界戦略を合同組織が各国を手引きするかたちで展開中である。

（壮大な計画だが、うまく行くだろうか）

孝は疑問も抱くが、もしかしたら、とも思う。

合同組織は、ヒト用の狂犬病ワクチンを開発者したルイ・パスツールの命日でもある9月28日を「世界狂犬病デー」と定めた。狂犬病清浄国の日本ではなじみは薄いが、厚生労働省のホームページでも「世界狂犬病デー」は紹介されている。

「所長、われわれも独自にPRしていいのではないでしょうか。翌月のハロウィンにからめるとかして」

10月31日のハロウィンはすっかり日本で定着し、ハロウィン商戦もすさまじい。真っ黒なコウモリはおなじみのアイテムにもなっていることから、こんな感じでどうか、と一成は会議で原稿を読み上げた。

《コウモリは蚊や各種の昆虫を食べてくれる、わたしたちにとって益獣の面はありますが、実は怖い動物でもあるのです。狂犬病は犬だけがもたらす病気ではなく、ハロウィンでおなじみのコウモリに咬まれて死亡した例も世界では報告されています。日本のコウモリにも、狂犬病ウイルスを持つコウモリがいるかもしれません。今年度のご愛犬の狂犬病予防接種はお済みですか？　未接種のままだと、愛犬がコウモリと接触したとき、狂犬病に感染して、飼い主さん、ご家族にも危険が及ぶかもしれません》

「みんながこれからハロウィンを楽しもうっていうときに、説教くさいような」

孝の苦笑いに、職員たちも笑うが、逆に孝が提案もしてみた。

「ならば、イッセイ、あの世界地図も配ろうか。眺めてもらう機会にしよう」

2016(平成28)年の狂犬病の発生状況を、厚生労働省がWHOのデータをもとに作成した資料である。

狂犬病による死亡者は世界で3万4572人。あくまでも判明分で、実態調査が及ばないところもあることから、WHOは年間の死亡者数を6万人と推計している。

3万4572人のうち、地区別で最多はアジアの1万6453人。国別ではインドが7437人で世界最多、中国2635人、パキスタン1623人、バングラデシュ1192人、インドネシア1113人、ミャンマー681人、フィリピン592人と続く。アフリカは地区としてはアジアに次ぎ1万5166人で、エチオピア4169人、ナイジェリア3501人が突出する。

洗浄国に住むわれわれにとって、けして関係のない数字と思えないのは、なぜだろうか。

令和初のみならず、令和の時代の動物愛護週間の基軸ができたような気がした。

16

令和初の動物愛護週間が9月20日から始まる前、9月11日に内閣改造が行われた。父親が元首相で、国民的人気を誇る世襲議員が環境大臣に就任した。

(将来の首相候補といわれる大臣の発信力は、環境省が取り組む犬猫の殺処分ゼロを目指すプロジェクトの追い風になるはずだ。期待大だ)

このニュースは、職員のあいだでも当然、話題となった。フリーアナウンサーである大臣夫人は犬の殺処分ゼロを目指す財団を2014(平成26)年に設立して活動してきたことでも知られているからだ。

世界狂犬病デーに関連づけた令和初の動物愛護週間は、保護犬と保護猫でデザインしたポスター、チラシによる反響もあり、譲渡会の参加者も増え、譲渡数も順調に伸びた。

令和2年の元旦を迎え、孝は思った。

(今年の動物愛護週間も、昨年の路線を踏襲するのがいいだろう。ただし、長年の宿題のままの「赤ちゃん猫」の問題を改善していかないと……)

「所有者不明引取り」の猫の4割強を占めているのは、幼齢の猫である。離乳していない赤ちゃん猫だ。4、5匹の赤ちゃん猫が、段ボール箱に入れられて、センターはじめ自治体の施設や学校の正門に置き去りにされるケースは、令和になっても後を絶たない。

猫の赤ちゃんは、生後1カ月半を過ぎるまでは母乳だけで育つ「甘えん坊」である。目覚めては母乳を吸い、吸い付きながら眠り、これを繰り返して大きくなる。大便や小便は母猫が子猫の尻をなめて、綺麗に処理をする。赤ちゃん猫が母猫から引き離されたら、誰かが母猫の役目を果たさなければならない。哺乳瓶に入れた猫用ミルクを、24時間体制で1カ月半、付き合うぐらいの覚悟が必要なのだ。そうしないと、赤ちゃん猫は生きられないのである。

生後1カ月半以内の赤ちゃん猫が保護施設に収容された場合、職員が母親代わりとなってミルクを与えることは少なからずあった。しかし、すべてのケースで、職員がかかりきりになるわけにもいかず、問題になっていた。

孝は副所長時代、動物愛護団体のスタッフと相談して、赤ちゃん猫にミルクを与えて世話をしてくれる「ミルクボランティアさん」の募集を依頼したこともあった。1日に3人から4人のローテーション体制で、夜間は自宅で行ってもらうなど、力も借りてはきたが、思うようにいかない。

赤ちゃん時代を生き抜いた猫は譲渡会に出せるよう育てることができる。いずれ譲渡会に出すのであれば、赤ちゃん猫のまま譲渡して、早々に飼い主の自覚を持ってもらうよい機会になるのではないか——。そんな見方もあるのだろうが、センターにとっては、できない相談だ。健康に育つかどうか、まだわからない赤ちゃん猫を譲渡することを、動物愛護管理法が禁じているからである。

2019(令和元)年6月の改正動物愛護管理法では、出生後56日(8週)未満のものについての、販売のための展示、引き渡しが禁じられた。従来の出生後49日(7週)未満から引き上げられたのだ。

(赤ちゃん猫問題をはじめ、現場ではいくつもの課題がある。猫に関してはもうひとつの宿題もある)

TNR活動である。TNRはトラップ・ニューター・リターンの略で、近年、自治体が予算や寄付を募り、地域の動物愛護団体と連携して展開している試みだ。

飼い主不明の猫を捕獲し(Trap)、不妊去勢手術を施し(Neuter)、感染症の予防ワクチンを接種して、手術済みの印に耳先をカットして元の場所に戻す(Return)。「地域猫」、あるいは、耳先のカット痕から「桜猫」と呼ばれ、本県でもいくつかの自治体で試みられている。

昨春、県内のある町長が「漁港周辺に野良猫が増えて困っている。対策としてTNRを導入したい。その有効性を県に仰ぎたい」という希望を県庁に届け出た。孝は県動物愛護管理センターとしての見解を求められ、会議でこう発言した。

「TNR事業が、野生の猫の増加に歯止めをかける点は評価できます。しかし、猫の性質上、彼らが優秀な狩猟者、つまりハンターということも理解しておくべきです。猫はネズミ捕りにも役立つ愛玩動物として、われわれの家族の一員となり、人間の手で世界に拡散され、地球上で最も成功した外来種のひとつとなりました。その上、在来の捕食者にはない殺し屋としての姿もあります。飼い猫でも屋外に出れば、鳥やネズミ、モグラ、蛇などを捕獲し、持ち帰ることも珍しくないでしょう。飼い主が終生飼養を放棄して野に捨てた猫は、在来の野生動物を捕食して生きていきます。TNRがハンターの本能を取り除くわけではありません」

「世界的にみても、野生の小動物の個体数が減少、絶滅の危機に陥っているのは、猫が原因という説もあります。厄介なのは、野生生物を食べるから殺し屋というのではありません。猫は狂犬病やペストなど、多くの人獣共通感染症を媒介することでも殺し屋です。アメリカでは、猫は狂犬病も媒介するという意識が強くあるそうです。実際、猫の狂犬病による死亡者もいるからです。コウモリも媒介しますが、猫がコウモリと接触することで感染を拡大させることも考えられます。狂犬病予防法があって、飼い犬には年に1回の予防接種が義務付けられています。これによって私たちは『犬は狂犬病を持つこともある。咬まれたら危険』という意識を抱いていますが、猫はどうでしょうか。可愛さが先立つのか、健康リスクが想像しにくいものがあります」

「飼い主のいない野放し猫を公衆衛生の観点から捕獲して殺処分ということをしないのは、行政が愛護派を無視できない面もあるからです。野良猫の増加を抑えるTNRを行って、再び野に放すことは猫がハンターとして生きることも意味します。むろん、猫にとって、野外は天国ではありません。逆に捕食される、病気や交通事故で死ぬ可能性もある。人による虐待の危険性も高いです」

「TNR事業では猫に不妊去勢手術を行うとき、感染症の予防ワクチンを接種してから放しますが、終生免疫ができるわけではありません。猫に対しての予防ワクチンは現在まで猫エイズなど6種類ですが、どれも毎年、追加接種が必要です。追加接種はアメリカでも未実施が多いとされています。この町でTNR事業を行うのなら、毎年、追加接種を実施するべきでしょう。この財源を確保できるかどうか。室内飼いの場合は3種混合のワクチンを接種しますが、TNR事業では4種混合か5種混合になります。猫エイズのワクチンは単独で接種が必要です。参考までにですが、ワクチン接種の費用は動物病院によって異なり、3種混合で4千円前後、5種混合で6千円前後が一般的です」

「不妊去勢手術した野良猫を放すのではなく、保護施設に一時的に収容して、飼い主を見つける方法もあるのでは、とお考えになるかもしれません。保護施設をどこが運営するか、ということになります。30匹、40匹という単位で面倒を見るにしても、動物愛護管理センターや保健所といった保護施設で仕事として飼養するのは現実的に厳しく、新たな施設が必要になります。すべての猫に新たな飼い主さんが見つかる、と考えるのは難しい。インターネットを駆使して、希望者に譲渡すればいい、と思っても、獣医師も含む常駐の専門スタッフが必要です。クラウドファンディングなどで資金を調達して、ボランティアを募ることも必要でしょう」

導入するかどうかは新年度に会合も開いた上で、となった。

どういうかたちに着地させるか、と孝の思案もつかの間、中国発の新型コロナウイルスが日本でも猛威を振るい始めたのである。

17

「狂犬病予防法に照らし合わせ、本日は先週の金曜日以来となる犬の殺処分を行う予定になっています。1匹です」

朝礼が始まり、整列する職員を前に、副所長である林口祥子が言った。昨年、孝の所長就任に伴い、副所長になった、ひと回り下の40代である。本庁に出向くことも多い孝にとっては、現場を任せられる番頭だ。旧動物保護管理センター時代から数えて、女性の副所長就任は初である。

（今日、これから――）

職員たちに重い雰囲気が漂う。マスクをしていても、目の色から表情がうかがえる。

事務連絡が終わった後、孝は職員に、新型コロナウイルスの影響で譲渡会の開催の見通しが立たないために、殺処分が今後、増えてくる可能性がある、と語った。譲渡会が2カ月も開催されていないことから、職員もそれなりに覚悟しているようだ。

「この状況がいつまで続くのかはわかりません。今後、『経済的に苦しくなって飼えなくなった』と言われたとき、『友人や知人で飼ってくれる人を探して下さい』『地域の動物愛護団体に相談を』と強く言えるものかどうか。手数料を払う余裕もない、と言われたら、断りにくい状況となるかもしれません」

「引取り」に要する手数料について言及してから、述べた。

「県条例の手数料の見直しも検討する必要があるかもしれません。これは本庁とも相談しておこうと思います。無料化、ということも含めて」

むろん、今後の動向次第とはいえ、考えられる事態への想定は待ったなしだ。

「皆さんのお耳にも情報は入ってきているかもしれませんが、お伝えしておきます」

譲渡会で協力してくれている動物愛護団体が活動に支障をきたしており、その窮状を今日、地元メディアに伝える旨の話だった。

彼らが独自に地域で開催していた里親会では、手作りの物品などの販売も行い、その収益を団体運営費として犬猫の餌代や医療費などに充ててきた。それが、新型コロナウイルスの感染拡大から里親会が開催できなくなった。

運営費の充当が見込めず、支援者の援助で現状を何とかつないでいるという。全国区のネットワークはあっても各地も同様の状況にある。コロナ禍の前まではインターネットで築いた全国区のネットワークも活用して、県境も越えて新たな飼い主を見つけてこられたが、それも今は厳しい。オンラインでの里親会を検討したいが、あくまでも検討中で、コロナ禍が長引けば、預かっている犬猫を動物愛護管理センターに「引取り」の名目で運ばざるを得ない、団体の解散も検討しなければならない、そうなったら譲渡会も手伝えなくなる——と孝は昨夜、電話口で団体の事務局長から事情を聞かされていた。

「譲渡会の開催は緊急事態宣言の解除後になりますが、どんなかたちで再開するか、は考えておきましょう。私案ですが、解除されたからとしても、感染のリスクがある以上、譲渡講習会が3密にならないよう、人数制限をする必要があります」

家族での参加を、とこれまで言ってきたが、世帯主に加えてもう1人ぐらいにとどめ、定員を5組10人までとする、高齢者や児童の参加は控えてもらう、参加者にはマスクの着用をお願いして、譲渡講習会参加前の2週間、体調に異常がないこと、県外への往来もないことを申告書で提出してもらう。入退館時は消毒液で手指を消毒、職員による検温を受けてもらい、参加後も2週間、自宅で検温してもらい、万一、体調に異変があれば、連絡してもらう、など孝は考えていることを話した。

「こうした面倒な手続きをお願いして参加してもらえるのか、そう思いもしますが、必要なことなのでしょう。これまでの譲渡会の風景に戻るのは当分先になるか、あるいはもう、従来の譲渡会は開催できず、今後は個別譲渡で、ということになるかもしれません。皆さん、どんな状況になっても、対応できるよう、ご協力をよろしくお願いします」

事務所の電話が鳴った。事務員が出る。犬の「引取り」に関しての問い合わせだった。

朝礼の後、孝は「動物管理棟　抑留動物管理表」と書かれたファイルに目を落とす。

(原則1週間の抑留期間であるところを、管理棟のシベリアン・ハスキーは15日間となったが、飼い主は現れなかった。これ以上の抑留期間の延長は許されない)

このハスキー犬は4月の第2週に収容され、動物管理棟の一室で過ごしていた。

殺処分は土日、祝日、連休を除く平日に行う。抑留という収容期間も、平日で15日間を数えていた。

去勢手術が施されている元オスの犬である。ホームページの「迷い犬情報」で1週間公示し、その後の1週間は歩行も思うにままならない介護が必要な老犬だが、譲渡は可能と告知した。

あえて、「介護が必要な老犬」と告知したのは、これまでにも、「私が看取ります」と申し出る人との出会いがあったからである。

しかし、この期に及んでは、難しいようだ。犬が最後に過ごした場所で、できるだけストレスを与えないかたちで処分を行いたく、薬物注射を選択する。

殺処分は、所長の孝も含めた5人の獣医師での輪番制となっている。所長は殺処分の任から外れても問題はないが、孝は他の4人と責任を共有するべき、と思っている。

今日は林口の番だ。事務所内で施錠もされて厳重に管理されている薬剤保管棚から、林口は粉末の睡眠薬と筋弛緩薬を取り出し、書類に使用日時を記してゆく。筋弛緩薬は小箱に収められており、トクッ、と指や手のひらに、注射液の動く感覚が伝わる。

2階の動物管理棟に入る前には必ず、エレベーターや階段の出入口で運動靴から長靴に履き替え、薬剤を浸したマットに靴底をつけて消毒してから入棟する。犬猫に重篤な嘔吐や下痢症状が急激に現れるパルポウイルスへの警戒からだ。旧センター時代までは導入できていなかった。

犬猫の鳴き声が耳に刺さる。糞尿の生暖かい臭いが鼻を刺激する。

動物管理棟には、成犬室、人を咬んだ犬を収容する咬傷犬室、鑑札や迷子札のついた犬を一時的に保管する保管室、猫を収容する猫室、狂犬病の疑いや病気の経過観察をする隔離室、各種の処置を行う処置室、焼却室などがある。

旧動物保護管理センター時代は収容する犬猫の数も多く、駐車場を降りた瞬間から臭いも感じられたものだが、今は空調管理も行き届いていて、管理棟内に収まっている。殺処分が行われているこの施設では、糞尿の臭い、鳴き声こそ生きている証しだ。

今、7つある成犬室には1室に3匹の雑種の子犬が入っていた。1階の所長室まで響いていた鳴き声は彼らのものだ。

20代の技師の白松龍太郎が成犬室に入り、トレーの水は減っているか、餌は食べているか、糞を見て体調に変化はないか、を確かめてゆく。龍太郎はセンターの獣医師では最年少である。公務員獣医師となって県立動物園に3年勤務してから昨年、異動してきた。

龍太郎の傍らで、狂犬病予防技術員の稲村勉が、成犬室内の蛇口にホースをつないで糞尿を排水溝に流し込み、デッキブラシで床を清掃してゆく。稲村は孝がセンターに入所した翌年にセンター入りしたベテランだ。センター建て直しの計画で、成犬室の床の仕様の変更を提案したのは稲村だった。

床は以前のようなむきだしのコンクリートではなく、ワックスを塗った光沢のある仕様になっており、糞尿の浸透を避け、水もはじく。体調の異変も糞尿から把握もできる。

成犬室の前に立つと、1匹の子犬がつかまり立ちして、訴える目で力強く吠える。

(ここがどんな場所か、わかるのだろうな)

数え切れぬほど抱いた感情がこみ上げる。

「首輪のないちっちゃな犬が3匹、老人ホームの厨房の裏でウロウロしているんです。3日ぐらい前から」

一昨日の昼間、老人ホームの職員から電話があった。捕獲の依頼だ。現場は、車で40分ほどの山間にある。

犬の保護、捕獲には2人以上で、というのがセンターでは申し合わされていた。檻状の箱罠である動物捕獲器が10キロ前後あり、スムーズな設置のために人手が必要ということもあるが、先立つのは万一咬まれた場合に医療機関に連絡し、搬送することも踏まえた危機管理意識である。

咬まれたら危険、という意識は小型犬でも当てはまることなのだ。

稲村は動物捕獲器を仕掛けて捕獲する方針を確認し、

「龍太郎、準備だ」

と声を掛けた。龍太郎は常々、口にしている。

「捕獲の現場での経験も積みたい。周囲の環境も踏まえて、どう捕獲するか、考えたいと思います」

捕獲に出向くにあたり、軽トラックの荷台には、灰色にメッキ塗装された鉄製の動物捕獲器が6つ載せられた。高さと幅はともに約0・6メートル、奥行き1メートル、重さ10キロ前後のものだ。フレーム各部に運搬用の取っ手がある。より運びやすいキャスター付きのものもあるが、盗難防止のため、外してあることが多い。

動物捕獲器はアニマルトラップ、トラップケージ、野犬捕獲器と呼び名はさまざまで、ネズミ捕りの要領である。動物の入口は1カ所だが、奥に肉片などを吊るせるフックがある。フックが上下に、あるいは左右に動けば、扉が即座に下に降りる。フックと入口は天井で「仕掛け糸」と呼ばれる細い針金で結ばれ、細い鉄パイプに収められている。

また、奥に餌を入れたトレーを置き、トレーに接近したら、手前の踏み板を踏むことで扉が下に降りるシーソー式のものもある。

イノシシ、ニホンジカ、サル、タヌキ、ハクビシン、アライグマなど行政の許可のもとでの有害獣類の捕獲でも使われ、害獣捕獲器の通称でネット通販でも購入できる。飼い猫が行方不明になったとき、自宅の敷地内や隠れそうな場所に仕掛けておく、折り畳み式のものも流通している。購入せずとも、レンタルのものもある。

丸々と太った体重100キロを超えるイノシシが激しく体当たりして脱出しようとしても、びくともしない大型仕様も市販されている。

仕様も価格も多様だが、いずれも取扱説明書では、本来の目的以外での使用を禁じている。子どもの虐待はむろん、動物とはいえ、虐待を目的とした使用は絶対にするな、と。

有害駆除対象の動物が入った場合、その後、どうするのか。

先端から電流が流れる電気ショッカーが付けられた持ち運びが容易な「電気止め刺し機」を檻越しに差し込み、体に当てるのだ。

当てられた瞬間に動きは止まり、そのまま、2、3分間当て、絶命に至らせる。

動物は苦しまず、血を流すこともなく、動物愛護管理法がいうところの《動物を殺さなければならない場合には、できる限りその動物に苦痛を与えない方法によってしなければならない》に沿うもの、とされている。扱う者にしても、銃のような騒音や跳弾もないため、周囲への安全性がある。止め刺し機による処分法は、ユーチューブなどインターネット上の動画サイトでも数多く投稿されている。

龍太郎は稲村と共に、犬が現れた場所を一通り見て歩く。「ここに置けばいいですか」と問う龍太郎に、稲村は経験による勘を働かせて、場所をアドバイスする。

適度な距離を取って手際よく配置し、設置からわずか2時間以内に子犬はすべて捕獲された。きょうだいなのかはわからない。動物愛護管理センターに収容後、歯列を見ると、いずれも生後6カ月ほど、人間に換算すると5歳ぐらいで、オス2匹、メス1匹だった。

「捨てられた場所はわかりませんが、老人ホームの厨房の換気扇から出てくる匂いに刺激されたのでしょうね」

稲村は孝に捕獲の報告をした。それを受け、孝は言った。

「小型犬でもあるし、鳥やネズミを捕えるのは難しいのかもしれないな。猫の方がこうした点は長けているのかもしれない」

子犬が野外で捕獲され、収容されるたびに、孝は同様の会話をしているような気がする。

空腹を満たしてやってから、龍太郎がマイクロチップリーダーを首の後ろにすれすれ触れる程度で上下、横に何度も動かしてみたが、液晶画面には何も表示されなかった。

取り急ぎ、ホームページの「迷い犬情報」に3匹とも写真入りで公示したが、今のところ、問い合わせはない。1週間、迷い犬として公示した後、地下1階の手術室で不妊去勢手術を行い、抜糸後、譲渡可能な犬として1週間、告知する予定である。

咬み癖も吠え癖もない。性質も穏健なので、飼い主が現れない場合、譲渡会で、または個人譲渡で新たな飼い主に巡り合えれば、と孝は3匹の様子を見て感じた。

今、龍太郎が1匹ずつに首輪とリードを付けている。半日ほど、ドッグランの中にある木にくくりつけ、運動を兼ねて遊ばせる。人馴れさせておく必要があるからだが、これから動物管理棟で殺処分が行われるので、その瞬間を感じさせたくないという配慮もある。

龍太郎は、昨年から殺処分という仕事と向き合うことになった。赴任早々、孝が龍太郎に昔話をしたら、目を丸くした。

「僕が生まれた頃は、毎日、殺処分があって、しかも毎日約80匹ですか」

「それ以前はもっと多かった。昔に比べて殺処分も減ったわけだが、なあ、龍太郎」

「なんですか」

「成犬室で世話する犬に名前をつけてやるなど必要以上に愛情めいたものを持たない方がいい、と言っておくよ。仕事に差し支えるからな」

孝は先輩職員から教えられた言葉をそのまま、龍太郎に伝えた。

これから殺処分が予定されているハスキー犬は単独で、咬傷犬室に収容されている。捕獲されたときは脱水症状による衰弱もあり、処置室で治療を受けた後、成犬室には入れられず、咬傷犬室の単独の檻に入れられた。人を咬んだか、はわからないが、隔離室に1匹の犬がおり、分けておこうという話になったのだ。咬傷犬室の檻は十分な広さがあるが、ハスキー犬はぐったりとしている。

単独の檻の中で、ハスキー犬は薬物注射で殺処分される。

佐藤と一成の、主任技師ふたりが先に咬傷犬室に入り、準備に入った。

3密回避のため、咬傷犬室の窓も開け、ドアを開けたまま固定する。

佐藤、一成、龍太郎と全員が孝と同じ地元の国立大学の獣医学部出身だが、彼らもまた10代のときから動物愛護管理センターと縁があった。

佐藤は高校生のとき、2002(平成14)年度の総合学習の導入時に動物愛護管理センターを訪れた縁もあって、「命と縁の活動」に関わった。譲渡会を知り、猫の譲渡も受けた。今は「命と縁の活動」の担当責任者でもある。

一成は高校2年生、龍太郎は小学6年生のとき、譲渡会で犬と巡り合った。

孝が当時の姿を覚えているのは佐藤だけであるが、動物愛護管理センターの存在が3人の人生を変えたと言っていい。

林口が、缶詰のフード、粉末の睡眠薬、そして、小箱に入った筋弛緩薬の注射を机に置く。先に、一成の手によって餌を入れるトレーが机に置かれていた。

飼い主のお迎えである「返還」がない犬の殺処分を前にすると、

（ここに運ばれてきた犬たちがみな、狂犬病の予防接種を受けていたかはわからない。感染している犬がいない、とは絶対に言えない）

と孝は自分を支えようとする。その一方で、こう思う。

（奇跡が起こる可能性はあるだろうか）

この時点で殺処分はまだ予定である。林口も朝礼で予定と言ったが、今、飼い主が現れれば、殺処分の執行は停止しても問題はない。

マスク姿の4人が2メートルほどの距離を取り、白毛のハスキー犬を取り巻いた。犬は立ち上がることはしないが、首を上げて各々の顔を見ている。

「人が大好きなんですね、このホワイトハスキーは。家族の人気者だったろうに」

一成はつい口にした。

海岸の松並木にリードでくくりつけられている姿を釣り帰りの住民が見つけ、地区の区長に連絡し、区長が動物愛護管理センターに連絡してきた。車で20分ほどの場所だ。

龍太郎と稲村が動物捕獲器を軽トラックに載せて出向こうとしたとき、県庁から戻った孝と駐車場で一緒になり、「俺も行くよ」とついていった。

老犬で、脱水症状もあり立ち上がるのは厳しかった。孝らを警戒する様子もなければ、目に生気も感じられなかった。とはいえ、咬みつかれる危険性がないわけでもない。念のために、稲村が「輪っぱ」で首を押さえ、龍太郎が体を抱え、荷台の動物捕獲器に押し込むように入れた。抵抗する様子はなかった。

首輪はつけられたままだったが、鑑札票と狂犬病予防注射済票はいずれもない。

処置室で龍太郎は孝の意見も仰ぎながら動物捕獲器から犬を出し、皮下補液による水分と栄養の補給を行った。体格や歯の具合から12歳と推定された。処置室の机の上には環境省から配布された「犬・猫と人間の年齢換算表」が貼ってある。大型犬の12歳は人間の89歳だ。

皮下補液の投与後、立ち上がるが、力は弱々しく、吠えもしない。幸いだったのは、ドッグフードと水に口をつけてくれたことだった。

「もしかしたら、があればなあ」

孝の言葉を受け、龍太郎はマイクロチップリーダーを取り出したが、液晶画面は反応しなかった。

ハスキー犬を発見した釣り人は「朝、通ったときはいなかった」と話していた。

(去勢手術して飼い主の責任は果たしているのだから、看取って欲しかった)

昨夕に与えた水のトレーは半分ほどに、フードのトレーは空となっている。

「大型犬の介護に疲れてしまったのでしょうかね。看取ってあげたいと思っても、私が今、住む県職員住宅の住まいでは、犬猫の飼養ができませんし」

佐藤が申し訳なさそうに言えば、一成も、

「譲渡会の裾野を広げるとすれば、ペット禁止の県職員住宅でも犬猫の飼養を許可すればなあ、と感じますね。県職員が率先して、一度は見捨てられた命を大切にする、引っ越し先の県職員住宅でも飼養できるようになれば」

老犬への思いを、それぞれ口にしている。

時刻は午前9時20分である。

ドリームボックスであれ、薬物注射であれ、孝は自分が殺処分を遂行する日もあるが、部下が遂行する殺処分にも必ず立ち会う。センター責任者としての立場もあるが、部下が万一の事故に遭遇しないように、と配慮もするからだ。

一成が水、餌のトレーを取り出し、佐藤が新しい水の入ったトレーを入れる。ここに収容されてからの朝の慣例も、今回が最後となりそうだった。続いて、餌のトレーが置かれる、とハスキー犬は思っているはず、と孝は思った。

(食欲を持ち続けてくれたことは譲渡可能な犬にとって必要なことだったが……この朝食が最後の食事となる)

ハスキー犬は喉を鳴らした。気分が良さそうだ。

孝はハスキー犬の目が何かを期待しているように見えた。

(家族のもとにそろそろ帰れる、と思っているのかもしれないな)

今、このタイミングで飼い主が「返還」に現れたら、この老犬は睡眠薬入りのフードを食べる必要はないが、その猶予もリミットを迎えつつある。孝は思った。

(このハスキーは、どこの町でどんな飼い主と暮らしていたのだろうか。車に乗せられて、最後の家族旅行の帰り際に捨てられたのか)

龍太郎が入ってきた。

林口が缶詰のフードをトレーに移し、睡眠薬を混ぜている。このフードは今週、朝食用に用いてきたものだ。

「準備できました」

檻の扉を一成が開けた。佐藤が、

「よしよし」

と首を優しくなでた。こう言うしか言葉が見つからない。佐藤の気持ちが孝にはよくわかる。

「人の言葉を理解しなくても、犬は褒められることで嬉しくなる。しつけも大切だが、褒めることも大切だ」

先代ペロを飼っていた折、父はそう言っていたし、大学でも教えられた。二人の子どもにも褒める大切さを教えた。

(俺がセンターで犬を褒めるのは、作業をやりやすくするためだ。人間のエゴだ)

何度、感じてきたことか。

「ごめんなさい」

林口が、睡眠薬入りのトレーを犬の口元近くに置いて言った。同時に、孝はこう自分に言い聞かせている。他の者も思っていることだろう。

(これは県民の命を狂犬病から守る大切な公衆衛生獣医師の仕事なのだ)

周囲を見回してから、ハスキー犬は静かに口をつけた。

「無力さを感じますね。獣医なのに助けてあげられないなんて」

林口が言った。ここにいる全員が常に思っていることだが、口にしないとやりきれないのだろう。

ハスキー犬はフードを完食した。

一同は無言で見守る。3分ほどすると、ハスキー犬はまどろみかけた。両目を閉じて、熟睡するまで一同は待つ。

熟睡したら、続けて筋弛緩薬を注射する流れ……薬物注射による安楽死にも、孝がセンターに入所してから変遷の歴史がある。

孝の入所時は、ドリームボックスでの殺処分が主だったとはいえ、薬物注射を用いることもあった。睡眠薬入りのフードを与えてから筋弛緩薬の注射という流れではなく、睡眠薬を注射してから筋弛緩薬を注射、という流れであった。

もっとも、孝の入所前には、睡眠薬の注射もせず、筋弛緩薬のみ注射していた。

「最初から筋弛緩薬というのは、そりゃあ、見るのが辛かったよ。死因はドリームボックスと同じだからな」

孝に先輩職員は言った。呼吸筋を弛緩させ、呼吸困難による窒息死をさせるからだ。

動物保護管理法が１９９９（平成11）年に動物愛護管理法に改正されても、《動物を殺さなければならない場合には、できる限りその動物に苦痛を与えない方法によってしなければならない。》の条文は当然、そのまま維持された。

眠らせてから、というのは、単独使用では筋弛緩薬が苦痛を与える薬だからでもある。

しかし、平成の半ば以降は、睡眠薬の注射が痛みを与えているのではないか、睡眠薬はフードに混ぜる粉末状のものにするべきではないか、という見方が殺処分の現場で考えられるようになり、また、注射薬で用いる睡眠薬の取り扱いが薬事法で厳格化され、フードに粉末の睡眠薬を入れて食べさせた後に筋弛緩薬の流れとなった。

孝が殺処分に必ず立ち会うのは、技師は獣医師という専門職とはいえ、犬に咬まれる、手先が狂って筋弛緩薬の注射針を自分の指先に刺すという針刺し事故が起こったら、早急に病院に運ぶ責任が所長にはある、と自覚しているからである。もちろん、自分も細心の注意を心掛けている。

今、飼い主がセンターに現れたら……眠った状態ではまだ「返還」できる余地がある。正確な表現をすれば、筋弛緩薬剤の注射をするまでに、であるが……。

フードを与えてから5分後、林口は、

「熟睡したと思われます」

と一同に同意を求めた。

「龍太郎」

一成が静かに言い、内線電話に目をやった。龍太郎は受話器を取って事務所につなげる。

「管理棟に収容中のシベリアン・ハスキーの返還希望者は来所していませんか。譲渡を希望されている方からの問い合わせはありませんか」

龍太郎はほどなくして受話器を置く。

「残念ながら、です」

佐藤が檻の扉を全開し、ハスキー犬の体を優しくさする。

林口は机の上の筋弛緩薬の注射を手に取り、右手に持つ。犬の前で両ひざを床につく。左手の指で、注射針を覆うカバーを外す。

「ごめんさない」

そう言ってから、左後ろ足の太ももに注射した。

注射後は、速やかに呼吸が停止する。1分少しで、だ。眠ったまま静かに呼吸が止まる感じだが、命を絶つまでの時間は短くは感じられない。長く、重く感じられる。

ハスキー犬を全員が見つめる。誰も言葉を発しない。

(俺はどれほどの犬猫を殺してきたのかな)

孝の中にいくつもの場面が浮かんでは消える。

林口と佐藤は目頭を押さえている。

1日に約80匹の犬猫をドリームボックスに送り込み、大量殺処分していた時代と比べれば、薬物注射による殺処分には「看取る」かのような静寂がある。

(苦痛を与えない効率性、針刺し事故の心配がなくなる安全性を考えれば、有害獣類の殺処分のように電気止め刺し機を採用するのが良いのか。いつかはそうなるのか)

孝は林口らに話したことはないが、そう考えたことは何度かある。ただ、犬猫がペットという愛玩動物ゆえに、電気止め刺し機が現実的な方法として保護施設の現場で受け入れられるのは難しいだろう、とは思う。

体の大きさやオス、メスに関係なく、犬は絶命するとき、目を閉じるもの、薄目を開けたままのものとそれぞれである。薬物注射では、目を閉じていなければ、指先で閉じてやることができる。薬物注射に立ち会った者は、

(殺しておきながら……)

と思いつつも、せめてもの供養と自分を慰める。

どんな過程で収容されてきてもそう思うのだ。

筋弛緩薬の注射から3分後、林口がハスキー犬の死亡を確認した。

犬の両目は閉じていた。5人は合掌する。

(南無阿弥陀仏、南無阿弥陀仏、……)

孝は胸中でゆっくり唱えた。

龍太郎が檻の前に青いビニールシートを敷いた。一成と共に、ビニールシートの上に載せてくるむ。そのまま、焼却炉に運ぶためだ。

「どうしましょうか」

一成が言い、

「一緒に焼いてあげましょうか」

佐藤も言う。所長の孝と副所長の林口に指示を求めた。

昨日の午後、市内の公共施設の敷地内に、生まれてから数日と思われる子猫が5匹、死体となって段ボール箱に入れられて捨てられていた。その公共施設の職員がセンターに運び届け、収容した。その死体が動物管理棟の大型の冷凍庫に入れられている。

孝としても「一緒に焼いてあげれば」と思う。とはいえ、センターを新設するとき、犬と猫のドリームボックスを別々に造った。従来はドリームボックスが一つしかなく、一緒に殺処分されることに「ストレスを感じているのでは」と思っていたからだ。これに伴い、焼却炉もそれぞれ別のものを造った。

「所長、一緒に焼いてあげましょう。私たちが見送ってあげましょう」

林口が言った。

ドリームボックスと焼却炉がフル稼働しなくなっていることに、孝は隔世の感すら覚えていた。しかし、かつての日々は生々しく孝の中に刻まれてしまっている。

(再びやって来るのだろうか。成犬室、猫室が満杯に等しい状態になって――)

一成が青いビニールシートに包まれたハスキー犬を抱きかかえ、佐藤が同じく青いビニールシートに包まれて冷凍庫に保管されていた子猫を抱きかかえ、動物管理棟の奥にある焼却室に向かって歩き出す。2人を先頭に、孝、林口、龍太郎が従い、葬列がゆっくり進んでゆく。

焼却作業は狂犬病予防技術員の仕事である。稲村と話し、今回はひと回り小さい猫用の焼却炉で焼くことにした。

犬猫の亡骸を炉に入れ、焼却炉前の台にある線香台に各自が火をつけた線香を挿す。線香台は孝が動物管理センターに入所した当時から使われているものだ。一体いつから使われているのかはわからない。

炉の扉が閉じられ、一同が合掌後、点火のスイッチが押された。静音仕様で、一昔前のように轟音が耳に届くことはない。

昼食前に、殺処分に立ち会った者がそれぞれに焼却炉の骨に改めて合掌することになる。殺処分が終わり、重い気分が残る中では、他愛もない話もしたくなる。焼却室から離れると、佐藤が言った。

「ウチの娘、家の中をランドセル背負って歩き回っていますよ」

小学校の入学式が行われてまもなく、緊急事態宣言を受けて県下の学校が一斉休校になったからだった。

「元気よくランドセルを背負って、早く学校に行けるといいね。でも、きっと再開しても、マスクで3密禁止でしょう。日常生活が元に戻るのは相当な時間がかかりそうね」

林口はこう言ってから、

「ウチの長男、中学3年になったけれど、やっぱり受験が心配。昼食は朝、お弁当を作って食べさせているけれど、給食のありがたみが今にしてわかったわ」

「給食って、月いくらですか」

一成がたずねる。

「4千円もしないのよ。栄養バランスも考えてくれているし」

「なんか、自分も早く家庭を持ちたいです」

一成の言葉に笑い声が起きた。

「土曜日の犬の譲渡会で、1匹の犬が出会いを取り持ってくれるみたいな展開に期待していたんです、こんな野郎でも」

冗談ともつかぬ口調で言う。

「期待していたんです、って諦めるなんてまだ早いっすよ、イッセイさん。そのうち譲渡会も再開しますから。マスクでひげ面も隠れてますから」

龍太郎がフォローし、一同がまた笑う。

「龍太郎に先を越されるかもなあ。3密って言われてるから、出会う場所もなくなっていくんじゃないかって。えらいことしてくれますよ、コロナは」

「3密回避で、アウトドアがブームになるわよ。むしろチャンスよ」

林口に言われ、思案顔になる一成に、また笑いが起こった。

孝は自身の結婚を振り返り、一成が譲渡会で縁を、と言っているのは、センターが殺処分から愛護にシフトできたからでもあると思った。

「所長がさっき言われたことですけれど」

龍太郎が言う。

「必要とわかってはいても、面倒な手続きをしてまで譲渡会に来る人ってどれぐらいいるかな、と考えちゃいますね」

まったく、と一成がうなずいた。

「家族で譲渡会に参加して、後日、犬や猫を連れて帰るとき、皆さん、笑顔になっているでしょう。あれに自分は喜びを感じてきました。マスク越しでも笑顔が見られるのかなあ、とか思いますね」

「コロナが収束したら新しい家族を迎えたい、と思っている人は増えているんじゃないかな」

孝は言った。それは、今朝の所長室で思ったことでもある。

「外出自粛を求められていても、ペットショップに来店の予約をした上で、犬猫を迎えに行こうとしている人もいるはず。心を豊かにする出会いは不要不急ではない、ということかもしれない。譲渡会の再開を待っている人はたくさんいるはずだよ」

それぞれの持ち場に流れてゆく。一成、佐藤は地下1階に向かう。

一成は譲渡会向けの犬、佐藤は譲渡会向けの猫の飼育室に向かい、健康状態を把握する日課が待っている。現時点で譲渡用の犬は22匹、猫は27匹いる。

体調に問題がないことを確認した上で、犬は地下1階の「ふれあい広場」と名付けられた外気に触れられる10畳ほどの広場に出される。犬の大きさも考えながら、6、7匹ずつ飼育室から出し入れし、2時間程度、交代で運動させる。走り回れるほどの大きさはないが、中型犬、大型犬も柵につかまり立ちしつつ、散歩の調子で歩く。本来、犬の譲渡会はこの「ふれあい広場」が希望者との初対面の場となるが、譲渡会の数日前に、犬を見学することも可能である。

佐藤は、地下1階の室内にある「ふれあい部屋」で10匹前後の猫を、2時間程度、交代で遊ばせる。8畳ほどのガラス張りの部屋で、猫たちはキャットタワーや各種のおもちゃなどで遊ぶが、そのうちに疲れてしまうのか、運動に出しているのに寝てしまうものがいるのは微笑ましい。

孝と林口は2階の成犬室の向かい側にある猫室で、保護という名で抑留されている8匹の猫の体調を見ていた。「返還」に飼い主が現れなければ、譲渡会に出す準備をしなければならないが、肝心の譲渡会の再開の見通しが立たず、再開しても果たして譲渡希望者が集まるか、と考えてしまうから陰鬱とした雰囲気が漂う。

林口は孝に言った。

「殺処分のあった日に帰宅すると、みんなわかるみたいです。気配でわかるようです」

軽くうなずいてから孝も言う。

「ウチもそう。女房、息子は表情が違うと察知するらしい。東京で今、大学生している娘もウチにいたときはわかっていたよ」

孝が猫室を出ると、ハスキー犬のいた檻の掃除を終えた龍太郎が、空の成犬室を見つめていた。孝に気づいて、話しかけてきた。

「朝礼での所長のお話は、ここが満杯になるかもしれない、猫室も満杯になるかもしれない、ということですよね。所長が僕ぐらいの頃は、そんな日常が当たり前だったんですよね。施設の規模は違っていても」

「そう。収容するだけで手一杯で、体を洗ってやる余裕もなかった」

「稲村さんが『昔は成犬室に犬が溢れていて、それこそ足で払いかき分けるようにして入って犬の体調を把握し、掃除もしたもんだ。万一を考え、檻の外に見張り役も立てて、成犬室内では2人以上で作業をした』って、話してくれたこともあります」

　今は、収容する犬猫も往時に比して少なくなった。そのため、収容後、感染症の有無などを調べてから、体が汚れているものについては毛や皮膚、手足の裏などにダニなどが付着していないか、入念に調べた上で、成犬室、猫室に収容する前に体を洗ってやることもできる。

「でも、まったく同じにはならないのでは、とも思うんです。これだけ終生飼養って言い続けて、実際、これだけ減ったわけですから」

「法律にも明記された。虐待や遺棄が犯罪として社会に周知されるようにもなった」

　今、龍太郎が言った、これだけ、が孝には重く感じられた。

「これも前に話しているけれど」

　孝は断ってから、かつてはペットショップ店頭での「衝動買い」による「衝動飼い」の反動からか、ブームになった人気犬種が、センターに「引取り」されたり、捕獲される例が多かったことに触れた。

「ペットショップも、とにかく売れればという姿勢が一昔前は強かった。法改正もあるけど、変わったと思う。犬猫だけでなく、ウサギやハムスターなども含めて、新しい飼い主となるお客さんに、家族の一員として終生飼養してもらえるよう取り組んでいる。動物愛護管理法を理解してもらい、犬猫には殺処分という現実があると伝えることにも懸命だ」

「大きな変化だ、と動物愛護団体の方々からも聞いています。譲渡講習会並みだ、と感心されている方もいらっしゃいますよ」

「そう。犬猫の終生飼養が本当にできるか、と家庭訪問して、販売するかどうかを検討するペットショップも珍しくなくなった」

「お客さんもそれを了解しているのは、大きな社会変化なんですね」

龍太郎の表情が明るくなる。

「でも、コロナが収束したとしても、日常生活はまったく同じには戻らない、と思う」

「在宅勤務だって一般化するでしょうし、マスク着用も当たり前になるでしょうね。終生飼養の優先順位が下がるかもしれない、と」

「もちろん、杞憂であれば、と願っているよ。連休明けに兆候が表れるのか、夏以降か、気づかないまま、いつの間にか増え続けるか。まだわからないな」

わずかに沈黙が流れる。

「所長、この成犬室って、前のセンターのときに比べて1・5倍の広さなんですよね」

「そう。1・5倍以上の広さになって、もう1室増やした。かつては手狭で、稲村さんも言ったように、それこそ、すし詰めで収容していた。コンクリートの壁に爪痕が残っていてね。肉体的にも精神的にも相当な苦痛を与えていたか、と思われたよ」

「…………」

「収容する犬が少なくなっていくことを願いつつ、せめて十分なスペースの中で過ごしてもらいたいと思って広くしたのだが。空調管理も万全な体制で」

「もし、ここが一杯になったら……」

「犬と犬が触れ合うほどの過密状態になる可能性もあるのか、と考えてもしまうな。皮肉られたりしたらやりきれないな」

「犬たちの3密、ですか」

「そうそう。譲渡会はそのとき、開催できているのか、不安も大きくなる」

「所長、今年9月の動物愛護週間はどうなるのでしょうか」

「イベントの開催の可否も、6月までには決めなくちゃなあ。おそらく難しいかな」

「その頃、成犬室、猫室はどうなっていますかね」

少し間を置いて孝は言った。

「見当もつかないな。以前に話したことがあったけど、殺処分する犬猫が毎日大量にいた時代、動物愛護管理センターは名称詐称という投書が新聞に載ったことがあった。反論しようにも、できなかったよ。それこそ、サンドバッグを叩いたさ。やっと名称にふさわしい施設になった、と思っていたら、コロナで先行きがわからなくなった」

「新聞社も、こちらが法律に基づいて仕事をしていることを調べないで、そのまま掲載したわけですね」

「そういうことだな。でも、それも今は昔と言えるかもしれない」

「ウチの収容数、殺処分数が増えたら、全国的にも殺処分数が増えていると考えられることになりますね」

「『殺処分数が増えています』って、動物愛護週間に言わなくてはいけなくなるのかな」

孝よりも先に、龍太郎が先にため息をついた。

「極端な話、譲渡会が開けず、犬猫の収容が限界に達したら、この成犬室を臨時にあてがうかたちにしたっていいのかもしれないな。『生活苦でもう飼えない』って、犬猫がたくさん運ばれてきたとしても、それこそ、成犬室、猫室が満杯になるまで入れてやってもいいのかもしれない。法的にどうのこうのは別として、殺処分は、本当にこれ以上、収容ができない、というときまで中断してもいいのかもしれない。満杯になったところで、譲渡会が再開して、うまく流れてゆく可能性だってあるから……」

孝はこう口にしながら、いっそ、食べてやった方が功徳になるのではないか、とすら考えていた頃の苦い感覚を再び思い出した。

インターネットによって地球の津々浦々の情報が即座に共有できるようになったが、中国南部の広西チワン族自治区のある町では、毎年夏至に合わせ犬肉祭が開かれていることが世界的に知られるようになった。

その町の年中行事が、ここ数年、国内外の動物愛護活動家を怒らせている。滋養目的で生きた1万匹余の犬を消費し、処分の方法も苦痛に満ちていて、販売業者や飲食店が強く非難されているのだ。日本人にとっては驚くべきニュースとして受け止められているが、足元の自治体の犬猫の殺処分についてはどう思うか、と孝はたずねてみたくもなる。

上着の内ポケットに入れていたスマートフォンが動き出した。朝礼でも触れた動物愛護団体の事務局長からだ。

「さっき取材が終わりまして。田辺さんのところにも、問い合わせの取材が行くかもしれません。…………」

新聞、テレビの取材が来たら、「ふれあい広場」「ふれあい部屋」を写真や映像に収めてもらうか、夕刊や夕刻のローカル枠放送で取り上げるのだろう、など考えながら、隔離室にいる林口に伝えた。

階段を使って「ふれあい広場」「ふれあい部屋」に孝は向かう。

昨夜は、懇意にしている中華料理店の主人からの電話もあった。

「突然だけど、あさって5月1日の金曜日で閉店することにしたよ。今、女房と話して決めた。気持ちが変わらないうちにお得意さんに伝えおこうか、と」

店主は来年で80歳である。5つ下の妻と二人三脚で店を半世紀近く、市内で切り盛りしてきた。店内は4人掛けのテーブル席が6つほどの典型的な町中華の店だ。

「ボケ防止のためにも80歳までは続けるって、所長にも言ってきたけれど、ご承知のようにコロナで営業時間を大幅に短縮して、マスクして、アルコール消毒を置いて、イスを半分にしてお客同士の距離を取って、換気も高めて、とやってはみたけれど、なんかこれまでとは違う調子に、ああ、これが潮時ってやつだ、と感じた。ここ数カ月で状況が元通りになるわけがないし」

店舗が1階で、2階と3階が自宅の店舗兼自宅で、家賃の支払いの必要はないが、心配なのは、夫婦のどちらかが感染者になって入院したら店を畳まなければならない、と感じたからという。

「感染者が差別されている報道を見ればね。お客さんから感染者が出たとしても、やはり店を畳まなければならなくなる。どっちにしても、子どもからも親戚からも人様からも白い目で見られることになる。この町にも、もう住めなくなる」

孝はくしくも毎月、月初めの金曜日の夜、店に足を運んでいた。独身時代はそれこそ、毎週、足を運び、よく飲んだが、それは殺処分の現実からの一時的な逃避でもあった。

「あさってはいつも通り行っていいですか」

「もちろん。営業時間は8時までだけど、待ってるよ」

店に通うようになったのは、孝が公務員獣医師となった1年目の秋からだ。

店主と公園でやりあった縁による。

当時はまだ、犬の放し飼いも少なくなく、この町の公園やグラウンドなどあちこちで犬の飼い主がリードを離して遊ばせていた光景も見られた。

秋のある日、孝は所用から動物保護管理センターに戻る途中の公園で、ドッジボールをしている子どもたちの間を走り回る中型の雑種の犬を見た。

リードを外す「ノーリード」の行為は「放し飼い」と見なされ、禁じられている。県や市町村の飼い犬条例で定められているものだ。その犬が人を咬んでケガや死亡させた場合には、飼い主の責任を問う事件となる。孝が県職員となる前には、放し飼いの闘犬が公園で遊んでいた児童を咬み、大怪我を負わせ、全国区のニュースとなったこともあった。

短時間でもリードを外して、放し飼いにした犬がその場から逃げてしまい、飼い主のもとに戻らず、野良犬として捕獲されて、殺処分の憂き目にあったケース、犬が車にはねられ、飼い主の責任について論じられたケースなども半年余の勤務経験で見聞きした。

「自分は仕事で多忙。散歩に連れて行けないから、犬を自由に遊ばせていたんだ。人の犬を勝手に連れて行きやがって！」

明日、殺処分というタイミングで「返還」に現れた飼い主の罵倒も聞いた。

ノーリードは放し飼いと同等の行為で法令により禁じられている、と町役場が周知に努めてはいるのであろうが、届いてはいないのだろう。頭ごなしの批判をしても反感を買うだけだが、飼い主に一言言っておく必要を孝は感じた。

白髪交じりの男性がベンチに座り、タバコを吸い、犬に時々、話しかけていた。飼い主のようだ。孝は歩み寄って一声掛け、動物保護管理センターの職員、と自己紹介してから、ノーリードは放し飼いに相当し、禁止されているとやわらかい口調で話した。

突然の指摘に男性は不快な表情になった。

「ウチのはきちんとしつけてある。人を咬むことはない。今まで注意されたことはない。公園で遊ばせちゃいけないのか」

孝も言葉を返した。

「リードを外して駆け回らせる、遊ばせることが禁止されているんです」

他にもこの公園ではリードを外して遊ばせている飼い主がいるぞ、そっちは注意したのかよ、などと言って納得できない様子だ。

「僕は県職員になったばかりなんですが、ノーリードは放し飼いと見なされるのでダメって、お聞きになったことはこれまでありませんか」

「全然、聞いたことねえなあ」

県や市町村がどの程度、広報しているか、孝にもわからないところがある。

逆に男性から質問された。

「動物保護管理センターって、どこにあるか、は知っているけれど、何をしてるの」

野良犬の保護、飼い主が見捨てた犬猫の殺処分などについて聞き及ぶと、男性の顔色が曇った。

「そうか、思い出したよ。ウチの犬さ、8歳になるけれど、4年前に友人が大阪に転勤になるから連れて行けないとか言い出してね。持って行けば、処分の手続きをしてくれる県の何とかセンターがあるから、と口ごもりつつ言うからさ、処分って何だ、と聞いたら、ガス室に入れて殺すんだって。可哀そうなことするな、俺が飼ってやるよ、ってことで飼い始めたんだ」

孝の男性への印象が変わった。

「命の恩人でしたか」

「久しぶりに犬を飼うことになったけれど、いい子だよ。去勢手術は友人がしていたから、吠えないし、家の中でも飼える。ああ、ラーメン屋をやっているんだ。よかったら来なよ。これも何かの縁だ」

店名、場所などを教えられたのだった。

当日こそ孝は行かなかったが、主人に注意をしたことをきっかけに店の暖簾《のれん》をくぐるようになった。

息子二人は東京に出てしまい、自分たち夫婦一代限り、というこの中華料理店は常連客も多かった。店主が畑で育てた野菜も料理に供されていた。孝について店主は常連客に「彼はさ、最後まで犬猫の面倒を見ない無責任な飼い主のために仕事をしている」云々《うんぬん》と話している様子だった。

店主の犬は15歳で死んだ。老衰だった。朝方、元気がないな、と思ったら、そのまま息を引き取ったそうだ。定期的に動物病院で検診や感染症の予防をしていたことで、病気に苦しんだ様子はなかった。

亡骸は畑の一角にそのまま、埋葬された。店主との出会いを作ってくれた犬だけに、孝は埋葬に立ち合い、手を合わせた。

店主夫妻に涙はなかった。笑顔で見送った。

「思わぬ縁でわが家に来た犬だけれど、楽しかったよ。一緒に過ごせて。看取ることもできた」

孝が県食肉衛生検査所の支所に勤務していた時期だった。高校時代に死んだペロ以来、犬は飼っていないが、次に犬を飼う機会があれば、オヤジさんみたいに犬の健康管理もしっかりとやって、天寿をまっとうさせたい、と思った。

主人の犬が死んでもう20年にもなる。その時間の中で、店主が犬猫の譲渡会を知り、「犬をもう一度、飼ってみたいという興味はあるけれど、犬より先に自分が死ぬ可能性もあるからなあ。女房はすべての面倒を見られないだろうし。そうなったら、そちらにも迷惑を掛けかねない」

と言ったことがあった。「引取り」となったら、と言わんとしていた。

一人の客として孝は、その20年の中で、本県、全国とも殺処分が徐々に減少し、返還・譲渡数が殺処分数を上回ったことを祝ってもきた。

(ようやくここまで来られたか)

と思ったものだったが、

(喜ぶのは早かったのか)

と店主の電話を受けて複雑な思いになる。

身近な店が閉店する事実だけでも、これまでの世界に戻れないのか、と思う。社会のあり方が大きく変化し、家庭でも暮らしのありようを見直してゆくのは避けようがない中で犬猫をはじめとしたペットはどうなってゆくのか。

地下1階では、新たな飼い主を待つ犬たち、猫たちが元気な姿を見せている。

どちらも見渡せる場所に孝は立った。

（譲渡会のかたちを個別譲渡に大きくシフトしようか。今だからこそ、犬猫を家族の一員として迎えたい、と待っている人もいるはず）

こう思う半面、

（犬猫どころではない、自分たちが生きていくだけで精一杯だ、と気持ちの余裕すら持てない世の中になってしまうのか。返還・譲渡数が右肩上がりとなって、減少していた日本の犬猫の殺処分数が、コロナ禍に見舞われた今年を起点に、どちらも逆転していくのだろうか）

と悲観的にもなる。

そのとき、だった。

「犬猫の一生は駆け足で過ぎてゆきます。私たち人間の5倍前後のスピードで生きていると考えられています」

孝の脳裏に、言葉が浮かんだ。

一人の公衆衛生獣医師として、また、一匹の犬の飼養者として、犬猫を既に飼養している、飼養しようと考えている人や家族を前にして、常に語ってきた言葉であった。孝は自分に問いかけた。それは今後も変わらないような気がした。

ここ5年ほど、犬猫の平均寿命は14歳から15歳の間を推移している。犬猫の体格、種類によって差異はもちろんあるにしても、人間の平均寿命を80歳前後とすれば、単純計算で、犬猫の1歳は人間の5・5歳に相当し、犬猫の1日は人間の5・5日に相当する、と獣医師の間ではよく語られている。

お散歩大好きな犬が、今日、散歩に連れて行ってもらえなかったら、それは人間の感覚では5日から6日、家から出なかったのと同じ、という見解は公務員獣医師にしろ、開業獣医師にしろ、よく人前で話す話題であり、日々の犬の健康管理を顧みさせるものにもなっている。

孝はいつも、こう問いかけてきた。

「飼養者が犬猫と過ごす一日一日は、犬猫にとってもかけがえのない日々であることがおわかり頂けるでしょう。看取る〝最後の一日〟はもちろん大切です。でも、一緒に過ごした日々はもっと大切なものではないか、と思えてなりません。家族の一員として命を慈しみ、共に過ごせることに感謝して、共に日々を重ねてゆければ、たとえ愛犬、愛猫が平均寿命に満たなくても、〝最後の一日〟に悔やむ思いは持たないはずです」

再開後の譲渡会も含め、これから犬猫と出会う人にも伝えていかなければ、と孝は前を向く中で、譲渡会で巡り合ったペロの〝最後の一日〟への心持ちを確認した。

（笑顔で見送ってやりたい。わが家に来てくれて本当にありがとう）

あとがき

私が、行政による犬猫の殺処分を知ったのは1994（平成6）年の夏だった。とある県の動物愛護センター（現在は動物愛護管理センターに改称）を偶然、見学する機会があり、それ以降、全国いくつかの動物愛護管理センターや保健所を訪ね、殺処分の実態を見聞きした。終生飼養する人がいる一方、「飼うのに飽きた」と恥じることもなく、行政に「引取り」を依頼する、山野に捨てる人がいる——その温度差に「日本とは、日本人とは」「日本は動物愛護に溢れた国」は一側面でしかない、と考えさせられた。

殺処分をやむなく行う動物愛護センターや保健所の職員は、一度は見捨てられた命に対して、譲渡会という終生飼養を誓う新たな飼い主との出会いの場にも取り組んでいた。

私はこうした取材に基づき、毎日新聞出版から2006（平成18）年6月に『ドリームボックス　殺されてゆくペットたち』を刊行させて頂いた。『ドリームボックス』は、とある県の動物愛護センターに勤務する30歳の獣医師の1週間を通し、公衆衛生を維持する上で、動物愛護管理法と狂犬病予防法に基づいて犬猫の殺処分を行政が行わねばならない日常を描いた。

『ドリームボックス』の帯のコピーは次のようなものだった。

《「助けて下さい！」「私をもらって下さい！」

ペットブームの裏側で、年間およそ40万匹の犬猫が見捨てられ、

〝ドリームボックス〟と呼ばれる殺処分装置に送られている――。

〝ペット大国〟ニッポンの現実！》

およそ40万匹とは、刊行時における環境省発表の全国における犬猫の殺処分数の最新の数字が2004（平成16）年度のものだったことによる。約39万5千匹（犬が約16万6千匹・猫が約23万9千匹）で、返還・譲渡数は約2万9千匹だった。

刊行から2カ月後、考え込んでしまう報道があった。

8月25日夜、福岡市西部動物管理センターに勤務する22歳の男性の車が、福岡市東区の海の中道大橋で家族5人が乗る車に追突したのである。追突された車は博多湾に落ち、4歳、3歳、1歳の3人の子どもが亡くなった。

飲酒運転が原因で、事故は大きく報道された。ご記憶にある方も多いと思う。ただ、男性の勤務先は福岡県内にある犬猫の殺処分の現場のひとつ、と私は想起したので複雑だった。年齢から推測すれば男性職員は獣医師ではないが、犬猫の殺処分の現場に身を置く中、

酒で現実逃避しようとしたのか、と思ってしまったのである。事故の社会的な影響も受けてであろう、同施設はその後、福岡市家庭動物啓発センターとなり、犬猫の収容施設、殺処分施設は移設した。

平成半ば以降、全国的に犬猫の殺処分数は減った。

環境省によると、2018(平成30)年度の犬猫の収容数(「引取り」と「所有者不明引取り」の合計)は約9万2千匹(犬が約3万6千匹・猫が約5万6千匹)。返還・譲渡数は約5万4千匹、殺処分数は約3万8千匹と、返還・譲渡数が殺処分数を3年連続で上回った。『ドリームボックス』の刊行時、返還・譲渡数が殺処分数を上回る時代が到来することは理想と思い描いていても、「十数年では無理だろう。数十年はかかるのでは」と私は思いもした。しかし、「十数年」で、それはなし得られた。

動物愛護管理法の法改正による愛護動物の遺棄、虐待に対する罰則規定の強化、平成半ば以降はインターネットの著しい普及によって行政は殺処分の実態、終生飼養の基本、譲渡会の案内などを積極的に情報発信してきた。特にこの10年は、行政が地域の動物愛護団体やボランティア団体、さらにはペット業者などと協力関係を築いたことも改善に大きく貢献した、と私は実感する中で、「殺処分数が返還・譲渡数を上回る時代は終止符が打たれたと言っていいのではないか」とも思った。

その中で、2020（令和2）年、新型コロナウイルスの世界的流行が起き、今も収束の見通しは立っていない。

未知の感染症に対し、私は一人の書き手として、どう向き合うべきか、と思いもした。感染症をテーマにした著作も何冊かあるからだ。2000（平成12）年にアフリカのウガンダに赴き、日本人医師として初めてエボラ出血熱の患者を診察し、2002（平成14）年の日韓ワールドカップの宮城大会で生物・化学テロ対策の陣頭指揮を執り、2003（平成15）年にはSARS対策の最前線にも立った日本初の女性検疫所長でもある仙台検疫所長の岩﨑恵美子氏を描いた『検疫官　ウイルスを水際で食い止める女医の物語』（角川書店・角川文庫）は、そのうちの1冊である。

新たなウイルスと闘う医療関係者への関心はもちろんあるが、私の関心は、ペットを巡る日本の環境はどうなってゆくのだろうか、というものだった。

2月末の一斉休校の発令後、各地の動物愛護管理センターや保健所、動物愛護団体が開催する親子や家族での参加も多い譲渡会や里親会が「不要不急の外出に該当する」「犬猫の飼い方を学習する事前の講習会は3密になる」といった理由から自粛になるだろう、と私は予測した。その通りとなった。

外出や営業を厳しく制限された4月の緊急事態宣言で、譲渡会の自粛も継続された。ある県の動物愛護管理センターの職員は教えてくれた。

「4月に入って、犬猫を飼養する家庭からコロナ関連での問い合わせが何件かある」

家族に感染者が出た場合、犬猫を預かってくれる場所はあるのか、というものもあったが、解雇や雇い止めで今後、犬猫の飼養が厳しくなったら、「引取り」をお願いできないか、という問い合わせも具体的にある、という旨だった。

全国的に犬猫の返還・譲渡数が右肩上がりに増え、殺処分数が右肩下がりとなっている中、新型コロナウイルスの感染拡大によって「引取り」が増えるのか、譲渡会の再開の見通しは厳しく、再会しても従来と同じにはならない……現場の不安を私は知った。

1994(平成6)年以来、犬猫の殺処分の現場を取材し、何度も面会した関係者、一期一会の関係者と多くの人の出会いを得た中で、現在は、殺処分数が返還・譲渡数を再び上回る方向に向かっている只中にあるのか、と不安を抱くベテランの職員もいることを知った。昭和、平成のペット行政を俯瞰しつつ、コロナ禍の令和の中で私は『ドリームボックス』と同様、特定の施設、特定の人物を描くかたちでなく、普辺的な意味を持たせてまとめてみたのが本書である。

本書で用いた犬猫の収容数(同)、返還・譲渡数、殺処分の各数字は全国のものは環境省発表に基づき、舞台に設定した動物愛護管理センターの沿革や各数字は、とある動物愛護管理センターを参考にした。

緊急事態宣言の解除後、感染予防の面から参加者の人数、年齢など各種の制限も設けて譲渡会は各地で徐々に再開したが、7月に入ってから都市部を中心に1日の新規感染者数が過去最多を更新するなど全国的に感染者が再び増加し、コロナ禍の収束はさらに見通しにくくなった。感染者数の増加で、譲渡会を再び自粛した動物愛護管理センターもある。9月20日からの動物愛護週間の催しも各地で中止の判断が下された。

8月17日、内閣府は4〜6月期の実質国内総生産（GDP）は、2008（平成20）年のリーマンショック直後の年率17・8パーセント減を超える年率27パーセント超も減り、戦後最悪のマイナス成長を記録した、と発表した。4〜6月期は、緊急事態宣言の下で外出や営業が厳しく制限された時期だ。新型コロナウイルスの感染拡大で、日本経済に与えた打撃の大きさ、今後、雇用を維持できなくなる企業が増える恐れが示された感がある。

厚生労働省は9月1日、新型コロナウイルスに関連した解雇や雇い止めは見込みを含めて8月31日時点で全国で累計5万人を超え、5万326人だった、と発表した。厚労省が2月から全国の労働局やハローワークに相談があった事業所の報告を基に集計している数字で、コロナ解雇と呼ぶマスメディアもある。5月21日に1万人、6月4日に2万人、7月1日に3万人、7月29日に4万人とそれぞれ超え、非正規の労働者を中心に失業者の増加に歯止めがかかっていない。労働局などが把握できた範囲に限られるとのことで、実際はさらに多いと見ていいそうだ。求人の減少で再就職も厳しい。

こうした経済状況の悪化が家庭に影響し、犬猫の飼養に影響するのは避けられないのでは、と私は思う。平成時代、動物愛護管理センターや保健所では、殺処分から愛護に、と大きくシフトした。譲渡会ひとつとっても、全国一律ではなく、地域性も鑑みて、自治体によって創意工夫を凝らしているが、新型コロナウイルスが終息するまでの令和の時代は、殺処分が愛護を凌駕するのか、と私は気が気ではない。もちろん、杞憂であればいいのだが。3年後、5年後、10年後にどのように検証されるだろうか。

本書のカバー写真は私が取材現場でこれまで撮影したものを用いた。撮影にあたっては職員の方から、殺処分の実態、飼い主が迎えに来るのを待っている犬猫たちがいることを伝えて欲しい、と言われたことが忘れられない。

カバー表の犬の写真は2010年代後半、平成後期に撮影し、手前に2匹、奥に1匹の3匹の猫の写真は2000年代前半、平成半ばに撮影した。撮影場所は異なるが、飼い主が迎えに来る「返還」がなければ殺処分の可能性もあった。幸い、この4匹は、新たな飼い主と巡り合えた、と聞いている。猫は20歳前後の長寿となっているかもしれない。

毎日新聞出版の図書第一編集部の永上敬氏には、このたびも、いろいろとご教示を賜った。永上氏は、前述の『ドリームボックス　殺されてゆくペットたち』、また、2017（平成29）年5月刊行の『車いす犬ラッキー　捨てられた命と生きる』でも担当編集者として伴走して下さった。2018（平成30）年度の『第64回　青少年読書感想文全国コンクール』（全国学校図書館協議会など主催）の課題図書（高等学校の部）にも選定された『車いす犬ラッキー』は、鹿児島県の徳之島で動物にまったく関心のなかった仕事一筋の男性が50歳を超えて捨て犬たちと出会い、生まれて初めて犬を飼養し、人生が大きく変わっていったノンフィクションである。本書へのご指導も含め、永上氏及び毎日新聞出版の方々、そして、『車いす犬ラッキー』に続き、本書の装幀をお引き受け頂いた黒岩二三氏に厚く御礼を述べさせて頂く次第である。

2020（令和2）年9月7日　小林照幸

本書は書き下ろしです

小林照幸（こばやし・てるゆき）

1968（昭和43）年、長野県生まれ。作家。明治薬科大学在学中の1992（平成4）年、奄美・沖縄に生息するハブの血清造りに心血を注いだ医学者を描いた『毒《どく》蛇《へび》』（TBSブリタニカ・文春文庫）で第1回開高健賞奨励賞を受賞。1999（平成11）年、終戦直後から佐渡でトキの保護に取り組んだ在野の人々を描いた『朱鷺《トキ》の遺言』（中央公論新社・中公文庫・文春文庫）で第30回大宅壮一ノンフィクション賞を当時、同賞史上最年少で受賞。信州大学経済学部卒。明治薬科大学非常勤講師。

著書に『ドリームボックス　殺されてゆくペットたち』『車いす犬ラッキー　捨てられた命と生きる』『闘牛』『海人　UMINCHU』（いずれも毎日新聞出版）、『ひめゆり　沖縄からのメッセージ』『検疫官　ウイルスを水際で食い止める女医の物語』（ともに角川文庫）『神を描いた男・田中一村』（中央公論新社・中公文庫）、『死の虫　ツツガムシ病との闘い』（中央公論新社）、『死の貝』（文藝春秋）、『全盲の弁護士　竹下義樹』『父は、特攻を命じた兵士だった　人間爆弾「桜花」とともに』（ともに岩波書店）、『大相撲支度部屋　床山の見た横綱たち』（新潮文庫）、『パンデミック　感染爆発から生き残るために』（新潮新書）、『熟年性革命報告』『海洋危険生物　沖縄の浜辺から』（ともに文春新書）、『ボクたちに殺されるいのち』（河出書房新社）、『ペット殺処分　ドリームボックスに入れられる犬猫たち』（河出文庫）など多数。

装丁　黒岩二三［Fomalhaut］
カバー写真　小林照幸

犬《いぬ》と猫《ねこ》
ペットたちの昭和《しょうわ》・平成《へいせい》・令和《れいわ》

印　刷　二〇二〇年九月二〇日
発　行　二〇二〇年九月三〇日
著　者　小林照幸《こばやしてるゆき》
発行人　小島明日奈
発行所　毎日新聞出版
〒一〇二－〇〇七四
東京都千代田区九段南一－六－一七　千代田会館五階
営業本部　〇三（六二六五）六九四一
図書第一編集部　〇三（六二六五）六七四五

印　刷　精文堂印刷
製　本　大口製本

ISBN978-4-620-32649-8